Helmut Wirths

Stochastikunterricht

Aufgaben und Anfänge

Helmut Wirths

Stochastikunterricht

Aufgaben und Anfänge

Oldenburg 2020

Bibliografische Information der Deutschen Nationalbibliothek: Die Deutsche Nationalbibliothek verzeichnet diese Publikation in der Deutschen Nationalbibliografie; detaillierte bibliografische Daten sind im Internet über dnb.dnb.de abrufbar.

© Helmut Wirths 2019

Herstellung und Verlag :
BoD – Books on Demand, Norderstedt

ISBN 978-3 741 288 616

Inhaltsverzeichnis

		Seite
	Vorwort	8
1	Aufgabenstellen	9
1.1	Klassenarbeiten	9
1.2	Klausuren	23
1.3	Probleme mit einem Näherungsverfahren im Modell der Normalverteilung	49
1.4	Trau keinem Test, den Du nicht selber interpretierst	53
2	Die Geburt der Stochastik	60
2.1	Die beteiligten Personen	60
2.2	Die beiden Probleme	62
2.3	Zur Vorgeschichte	65
2.4	Eine Zeittafel zu den Anfängen der Stochastik	68
2.5	Zur Einbettung in den Unterricht	72
2.6	Abschlussbemerkungen	74
2.7	Zu den in der Anlage gedruckten Dokumenten	75
2.8	Anmerkungen	77
2.9	Dokumente	80
	Zitate	94
	Literaturverzeichnis	96
	Namensverzeichnis	98
	Stichwortverzeichnis	98

Vorwort

Vielfältige Beobachtungen machen deutlich, dass in der Schul-Stochastik als neuem erst seit wenigen Jahrzehnten voll integriertem Gebiet in der Schul-Mathematik gegenüber den etablierten Gebieten ein erheblicher Nachholbedarf besteht, den nur eine sorgfältige Lehrerausbildung und darauf aufbauend eine intensive Lehrerfortbildung decken kann. Schließlich ist Stochastikunterricht Pflicht am Gymnasium, dessen Ergebnisse im Zentralabitur abgeprüft werden.

Die Fülle des Materials macht eine Aufteilung in mehrere Bücher erforderlich. Dieses Buch - eine Überarbeitung und Erweiterung von Wirths (2005a) - stellt Material vor, das der Autor zunächst für seinen Unterricht erarbeitet hat, sich dort, in der Lehrerausbildung und in der Lehrerfortbildung bewährt hat. Es ist gedacht für die individuelle Fortbildung, als Grundlage für zentrale Fort- und Weiterbildungsmaßnahmen sowie als Material für Lehrveranstaltungen in der Lehrerausbildung.

Im ersten Teil werden anwendungsorientierte Probleme für alle Jahrgangsstufen des Gymnasiums vorgestellt, mit denen zum einen Lernziele abgetestet werden können, zum anderen aber auch Unterrichtssituationen geschaffen werden können, die zum selbständigen Entdecken führen, die Lernende anregen, von sich aus über den Stoff zu reden und eigene Lösungsstrategien zu entwickeln. Es können Situationen geschaffen werden, die geeignet sind, in stochastisches Denken einzuführen, das nur in der Stochastik gelehrt und gelernt werden kann, weil anderswo deterministisches Denken vorherrscht. Enthalten sind auch Aufgaben, bei denen moderne elektronische Hilfsmittel, sofern sie über ein leistungsfähiges Stochastik-Modul verfügen, exakte Lösungen ermöglichen, Aufgaben, bei denen man sich früher mit Näherungsverfahren zufrieden geben musste, bei denen nicht entschieden werden konnte, ob das Rechenergebnis auch das gestellte Problem löst.

Im zweiten Teil geht es um die spannende Frage, wann und warum sich die Stochastik als selbständiges Gebiet innerhalb der Mathematik etabliert hat, eine Darstellung, die durch von namhaften Wissenschaftlern übersetzte Quellentexte ergänzt wird. Sie gliedert sich nach Fragen, die von Lernenden häufig gestellt werden :
Welche Personen waren beteiligt ? Welche Probleme wurden damals diskutiert ? Worin bestand das Neuartige ? Warum setzt man die Geburt der Stochastik Jahr 1654 an ? Gab es vorher kein stochastisches Denken ?

Im anderen Buch „Stochastikunterricht – Unterrichtsbeispiele" (ISBN 978-3-743-188 402) werden Unterrichtseinheiten für alle Jahrgangsstufen des Gymnasiums vorgestellt. Um Themendoppelungen in diesen beiden Stochastikbüchern zu vermeiden, werden weitere Stochastikbeiträge im Buch „Lebendiger Mathematikunterricht" (ISBN 978-3-739 243 139) dargestellt, so dass dort alle Gebiete der Schulmathematik angesprochen werden. Und auch im Buch „Taschencomputer im Mathematikunterricht" (ISBN 978-3-744 802 116) werden stochastische Aufgaben mit Lösungen und Angaben zur Umsetzung in elektronische Medien behandelt.

Ich wünsche allen Kolleginnen und Kollegen viel Freude beim Vorbereiten und beim Durchführen des Stochastikunterrichts. Vor allem wünsche ich Ihnen, dass auch Sie erleben, wie lebendig Unterricht werden kann, wenn man fruchtbare Impulse der Lernenden verfolgt, an die man bei der Unterrichtsvorbereitung noch nicht gedacht hat.

3. Auflage   Oldenburg, im Herbst 2020

1. Schriftliche Lernkontrollen

Lernkontrollen sind Bestandteile des Unterrichts. Sie müssen sich am vorangegangenen Unterricht, seinen Lernzielen und Inhalten orientieren. Schriftliche Lernkontrollen dürfen in allen Jahrgangsstufen nicht nur aus Anforderungen bestehen, die nur routinemäßig erledigt werden können. Im Stochastikunterricht können von der ersten Stunde an Situationen geschaffen werden, in denen weit mehr als reine Reproduktion gefordert wird. Es geht um Möglichkeiten, in denen Lernende auch ihre kreativen Fähigkeiten zum Beispiel im Problemlösen oder im Modellieren zeigen können. Leider kann man in den schriftlichen Lernkontrollen meist nicht alle im Unterricht angestrebten Lernziele abdecken. Es wäre allerdings völlig verfehlt, daraus den Schluss zu ziehen, sich im Unterricht nur noch auf die unmittelbar abprüfbaren Lernziele zurückzuziehen. Im Gegenteil, Mathematikunterricht lebt von der Vielfalt und der gesunden Mischung unterschiedlicher Lernziele, unabhängig davon, ob oder wie diese abgeprüft werden können. Deshalb ist es wichtig, bei jedem Lernenden die außerhalb der schriftlichen Lernkontrollen erbrachten Leistungen angemessen in die Gesamtbewertung mit einzubeziehen.

1.1 Klassenarbeiten

Es werden einzelne Aufgaben vorgestellt, aus denen dann mit anderen Aufgaben eine Klassenarbeit zusammengestellt werden kann. In jeder Klassenstufe kann wenigstens eine der Klassenarbeiten nur stochastische Inhalte abprüfen. Aber auch eine Kombination von Stochastik- und Algebraaufgaben als Leistungskontrolle hat sich in der Praxis bewährt.

1.1.1 Aufgaben zu einem Lehrplanelement „Daten"

Aufgabe 1 :

PKW aus Asien (außer Japan), die 1998 in Deutschland angeboten wurden, sind u.a. :

Marke	Typ	A	B	C	D	E	F
Daewoo	Nubira	1998	98	1164	9,0	195	9,5
Hyundai	Accent	1341	55	970	13,6	170	7,4
Hyundai	Lantra	1599	84	1242	11,2	190	8,1
Hyundai	Sonata	1997	92	1381	11,0	195	9,3
Kia	Clarus 1.8	1793	85	1220	10,7	185	9,3
Kia	Clarus 2.0	1998	98	1234	10,9	195	9,7
Kia	Pride	1324	44	795	15,5	150	6,7
Kia	Sephia	1498	59	1055	12,8	170	8,3
Proton	418 S	1299	55	1035	13,6	164	8,1
Proton	418 RS	1468	64	1040	12,1	173	8,3
Proton	418 LRS	1834	85	1180	10,4	192	8,8
Ssang Yong	Musso	3199	161	2005	10,2	190	15,2

Merkmale : A : Hubraum in cm^3 B : Leistung in kW C : Gewicht in kg
D : Verbrauch in l auf 100 km E : Höchstgeschwindigkeit in km/h
F : Zeit in Sekunden zur Beschleunigung von 0 auf 100 km/h

Zeichne für ein Merkmal ein Stängel-Blatt-Diagramm und einen Boxplot. Erkläre die wesentlichen Teile Deines Vorgehens.

Lösungsskizzen :

Wir denken uns für jedes Automodell eine Karteikarte. Sortieren wir diese zwölf Karteikarten bei einem Merkmal in aufsteigender Reihenfolge, dann finden wir für dieses Merkmal das Minimum auf der ersten Karteikarte, das 1. Quartil als Mittelwert der Werte der 3. und 4. Karte, den Median als Mittelwert der Werte der 6. und 7. Karte, das 3. Quartil als Mittelwert der Werte der 9. und 10. Karte und das Maximum auf der letzten Karte. Aus der sortierten Liste lässt sich leicht ein Stängel-Blatt-Diagramm zeichnen. Dies sei dem Leser als Übung überlassen.

Kennzahl	A	B	C	D	E	F
Minimum	1299	44	795	9,0	150	6,7
1. Quartil	1404,5	57	1037,5	10,55	170	8,1
Median	1696	84,5	1172	11,1	187,5	8,55
3. Quartil	1997,5	95	1238	13,2	193,5	9,4
Maximum	3199	161	2005	15,5	195	15,2

Die entscheidende Vorarbeit zum Zeichnen eines Minimum-Maximum-Boxplots zu jedem der 6 Merkmale ist mit dieser Zusammenstellung geleistet. Das Zeichnen dürfte kein Problem mehr sein. In Klasse 5/6 können die Boxplots für die Merkmale A, B, C und E erstellt werden. Die Mitte von 1404 und 1405 ist $1404\frac{1}{2}$. Das kann man auch in Klasse 5 schon vermitteln.

Sobald die Lernenden sicher mit Dezimalzahlen umgehen können, sollte Statistik weitergeführt werden. Dann können auch die Boxplots für die Merkmale D und F erstellt werden. Vor allem sind dann auch Boxplots der beurteilenden Statistik möglich, für die wir noch weitere Informationen (Q_1 : 1. Quartil; Q_3 : 3. Quartil; $R := Q_3 - Q_1$: Interquartilsabstand) benötigen :

	A	B	C	D	E	F
R	593	38	200,5	2,65	23,5	1,3
$Q_1 - 1,5 \cdot R$	515	0	736,75	6,575	134,75	6,15
$Q_3 + 1,5 \cdot R$	2887	152	1538,75	17,175	228,75	11,35

Das Zeichnen dieses Boxplot-Typs dürfte nun kein Problem mehr sein. Wer Hardware besitzt, deren Software Boxplots generieren kann (z.B. graphikfähiger Taschenrechner), kann sich Boxplots beider Typen nach Eingabe der Daten plotten und aus dem Plot die charakteristischen Kennzahlen anzeigen lassen. Jedoch sollten wegen der in Kapitel 1 in Wirths (2019b) geschilderten Probleme, die einige Softwarepakete bei der Berechnung der Quartile haben, die Rechnerergebnisse für die beiden Quartile Q_1 und Q_3 überprüft werden, weil der Boxplot der beurteilenden Statistik und seine gültige Interpretation auf einem korrekt bestimmten Interquartils-Abstand beruht. Solch schneller Einstieg über elektronische Hilfsmittel erleichtert den Zugang zu einer weiteren interessanten auch Lernende interessierende Problemstellung, dem Vergleichen mehrerer Boxplots bezogen auf ein gemeinsames Merkmal. Dies ist Inhalt von

Aufgabe 2 : Untersuche mit Hilfe der unten abgebildeten Boxplots, in welchem Land Autobauer und Kunden auf möglichst geringen Verbrauch achten. Begründe Deine Antwort.

Lösungsskizzen :

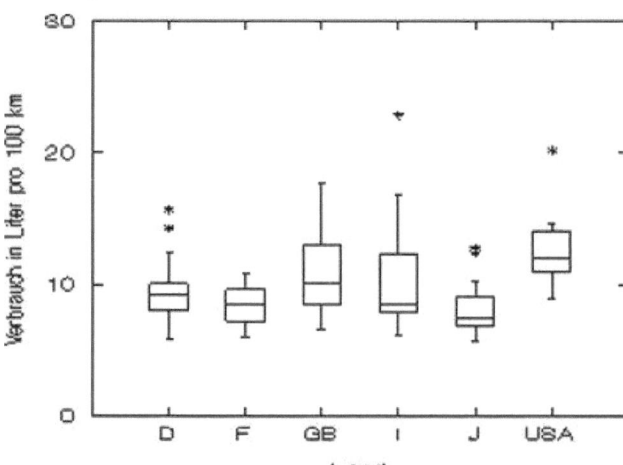

Wir unterstellen, dass man mit Hilfe des abgebildeten Boxplots entscheiden kann, in welchem Land Autobauer und Kunden am meisten auf möglichst geringen Verbrauch achten. Nach Augenmaß kann man sofort Großbritannien, Italien und USA ausschließen. Im Vergleich zu Frankreich scheidet Deutschland aus. Gegen Deutschland sprechen der größere Median, das größere 1. und 3. Quartil sowie zwei Ausreißer mit hohem Verbrauch. Wir entscheiden uns für den Vergleich von Japan mit Frankreich. Für Autos aus Japan sprechen der kleinere Median und das kleinere 1. und 3. Quartil, dagegen drei Ausreißer mit höherem Verbrauch. Einer davon ist aber als Sportwagen einzustufen. Gleichwertiges Argument zu kleineres 1. und 3. Quartil ist kleineres 1. Quartil und geringerer Interquartilsabstand. Auch die Benzin„säufer" erregten großes Interesse. Bei Japan waren es zwei Luxuslimousinen, in allen anderen Fällen aber Sportwagen, die sich mit besonders hohem Verbrauch so von den anderen Autos abheben, dass sie im Boxplot mit „*" gekennzeichnet wurden.

Aufgabe 3 : (siehe auch Wirths (2019)) Folgende Angaben über Anzahl und Größe der zum 1.1.2002 neu eingeführten Euro-Scheine wurden von der Deutschen Bundesbank gemacht :

Nennwert in €	Abmessung in mm	Anzahl in Millionen Stück
5	120 x 62	2 415
10	127 x 67	3 013
20	133 x 72	3 608
50	140 x 77	3 674
100	147 x 82	1 246
200	153 x 82	229
500	160 x 82	360

Versuche, so viele Informationen wie möglich zu errechnen.

Lösungsskizzen :

Wir können zum Beispiel die Gesamtzahl der Euro-Scheine, den Gesamtwert des Papiergelds, die zur Herstellung benötigte Fläche des Papiergelds, die gesamte bedruckte Fläche des Papiergelds, den auf jeden einzelnen Einwohner in den Ländern mit Euro-Währung (ca. 304 Millionen Einwohner) im Mittel entfallenden Papiergeld-Betrag, die auf jeden Einwohner im Mittel entfallende Papiergeld-Fläche, den Anteil der einzelnen Geldscheinsorte an der Gesamtzahl oder am Gesamtgeldwert oder die Höhe aller gestapelten Geldscheine berechnen. Wir können solche Daten auch graphisch auf verschiedenen Arten darstellen zum Beispiel mit Hilfe eines Stängel-Blatt-Diagramms oder eines Histogramms, wenn wir einen geeigneten Maßstab für die Anzahl der Geldscheine wählen.

Bevor wir einen Boxplot zeichnen, denken wir uns alle 14 545 000 000 Euro-Scheine nach dem Wert in aufsteigender Folge sortiert. Wir finden das Minimum als Wert des ersten Geldscheins (5 €), das 1. Quartil Q_1 als Mittelwert des Werts des 3 636 250 000. Geldscheins (10 €) und des 3 636 250 001. Scheins (10 €), den Median als Mittelwert des Geldwerts des 7 272 500 000. Scheins (20 €) und des 7 272 500 001. Scheins (20 €), das 3. Quartil Q_3 als Mittelwert des Werts des 10 908 750 000. Scheins (50 €) und des 10 908 750 000. Scheins (50 €) sowie das Maximum als Wert des letzten Scheins (500 €). Mit diesen Angaben kann der Minimum-Maximum-Boxplot gezeichnet werden.

Im Vergleich zum unteren Whisker (Länge 5 €) ist der obere Whisker (Länge 450 €) extrem lang. Das weckt Interesse an einem Boxplot der beurteilenden Statistik, den wir dann behandeln sollten, wenn Lernende sicher mit Dezimalzahlen umgehen können. Zum Zeichnen dieses Boxplot-Typs benötigen wir noch eine kleine Ergänzung. Es ist $R = Q_3 - Q_1 = 40$ €. Daraus folgt : $1,5 \cdot R = 60$ €. Also ist $Q_1 - 1,5 \cdot R = -50$ €. Der untere Whisker reicht daher von 5 € bis 10 €. $Q_3 + 1,5 \cdot R = 110$ €, der obere Whisker reicht in diesem Fall von 50 € bis 100 €. Die Werte der zwei letzten Geldscheinsorten, 200 € und 500 €, liegen also außerhalb des durch die Box und die beiden Whisker charakterisierten Geldwert-Intervalls, sind also mögliche Ausreißer im Sinne der Statistik. Statt von Ausreißern reden hier Lernende meist von außergewöhnlichen Geldscheinen, die man in normalen Geldbörsen in der Regel nicht oder nur ganz selten zu besonderen Anlässen findet. In der gymnasialen Oberstufe kann man 2σ- oder 3σ-Umgebungen um den arithmetischen Mittelwert μ - Im arithmetischen Mittel ist ein Euro-Schein 44,59 € wert - betrachten und den Boxplot der beurteilenden Statistik in solche Umgebungen einbetten und entsprechend wie hier interpretieren.

Aufgabe 4 : (siehe auch Wirths (2019)) Die Klassen 7a und 7b machen einen Weitsprung-Wettbewerb. Die Sprungergebnisse in Zentimeter sind :

Klasse 7a : 292; 360; 347; 350; 354; 306; 308; 312; 316; 318; 317; 323; 319; 316; 336; 342; 340; 338; 337; 339; 328; 327; 334; 335; 331; 332; 330; 333; 329

Klasse 7b : 341; 340; 342; 339; 343; 341; 302; 380; 347; 347; 353; 355; 350; 312; 307; 370; 375; 325; 320; 317; 357; 362; 365; 335; 335; 329; 327; 332

a. Welche Klasse ist die „beste" ?
b. Welche Klasse ist die „ausgeglichenste" ?
c. Welche Klasse hat die „stärkste Spitze" ?
d. In welcher Klasse ist eine Leistung von 350 cm „am meisten wert" ?

Lösungsskizzen zu a :
Meist wird der Vergleich der arithmetischen Mittelwerte der Sprungweiten als Kriterium genannt. In der Klasse 7a ist das arithmetische Mittel 329 cm, in 7b ist es 341 cm. Lernende berichten über folgende Beobachtung : Wenn sie die Sprungweiten nach aufsteigender Reihenfolge sortieren, dann ist bei den ersten 28 Schülern jeder Schüler der Klasse 7b besser als der Schüler der 7a auf demselben Rangplatz. Nur dem 29. Schüler der 7a kann kein Vergleichspartner zugeordnet werden, da die 7b nur 28 Schüler hat. Die Kennzahlen der explorativen Datenanalyse (EDA) machen es noch deutlicher : Neben dem arithmetischen Mittel sind 5 weitere statistische Kennzahlen (Minimum, 1. Quartil, Median, 3. Quartil, Maximum) bei Klasse 7b größer als bei der 7a. Besonders eindrucksvoll zeigt es der Vergleich der beiden Boxplots (siehe Bild auf der folgenden Seite). Also wird man die Klasse 7b die „bessere" nennen.

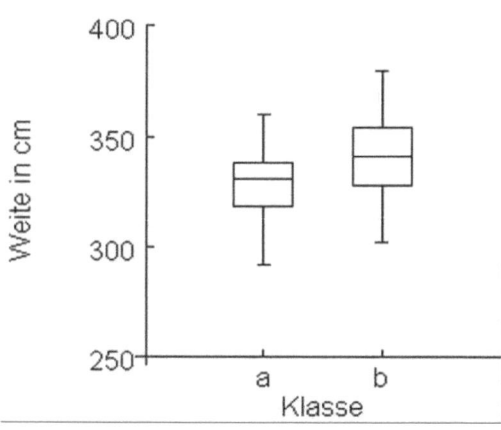

Lösungsskizzen zu b : Lernende nennen hier als Kriterium meist eine Größe, die Spannweite heißt, mit S bezeichnet wird und als S := Maximum – Minimum definiert wird. Für 7a ist S = (360 - 292) cm = 68 cm, für 7b gilt S = (380 – 302) cm = 78 cm. Nach diesem Kriterium wird man also die Klasse 7a als die ausgeglichenere der beiden Klassen bezeichnen.

Lösungsskizzen zu c : Zunächst muss man festlegen, ab welcher Sprungweite eine Spitzenleistung vorliegen soll. Setzen wir hier 350 cm als eine solche Grenze fest. In der 7a sind es 3 vom 29 Schülern, also etwa 10 %, 9 von 28 Schülern in der 7b, also rund 32 %, die mindestens 350 cm gesprungen sind. Sowohl absolut als auch relativ sind es in Klasse 7b mehr, sie hat also die stärkere Spitze. Auch ohne Bruch- und Prozentzahlen ist dies schon in Klasse 5 einsehbar.

Lösungsskizzen zu d : Diese Frage ist schon in c beantwortet worden. In Klasse 7a gibt es weniger Schüler als in 7b, die mindestens 350 cm weit springen. Daher ist in Klasse 7a diese Sprungweite mehr wert.

Anregungen für weitere Aufgaben können Kapitel 1 in Wirths (2019b), Kapitel 2 in Wirths (2019) und Kapitel 10 in Wirths (2019a) entnommen werden.

1.1.2 Aufgaben zu einem Lehrplanelement „Prognosen"

Aufgabe 1 : In der Halbzeitpause der Spiele des VfB Oldenburg wollen „Klaus und Klaus" zum Vergnügen der Zuschauer einen Wettbewerb im Elfmeterschießen durchführen. Jeder schießt einmal, erst der kleine Klaus, dann der dicke („Dixie"). Im Tor steht der 2. Torwart des VfB. Wir setzen voraus : Der kleine Klaus trifft bei 2 von 6 Versuchen, Dixie in der Hälfte aller Fälle. Das Versuchsergebnis soll die Summe aller geschossenen Tore sein.

a. Gib alle Ergebnisse an, die der so beschriebene Wettbewerb haben kann.
b. Beschreibe, wie Du diesen Vorgang simulieren wirst.
c. Führe 10 Simulationen durch und entwickle ein Wahrscheinlichkeitsmodell. Notiere alle Schritte nachvollziehbar und begründe Deine Wahrscheinlichkeitsschätzung.
d. Man kann auch ganz andere Ergebnisse bei diesem Wettbewerbs benennen. Denke Dir eine neue Ergebnisbeschreibung aus und zähle alle Ergebnisse auf, die dazu gehören.

Lösungsskizzen :

a : Ergebnisse : 0 Tore, 1 Tor, 2 Tore
b : Es wird z.B. 2 mal hintereinander gewürfelt.
  1. Wurf : Bei 2 der 6 Wurfergebnisse, z. B. 2 oder 5, ist ein Tor gefallen; sonst nicht.
  2. Wurf : Bei 3 der 6 Wurfergebnisse, z. B. 1,3,5, ist ein Tor gefallen; sonst nicht.
    Alternative beim 2. Wurf : Werfen einer Münze.
c : Nach dem in Kapitel 2 in Wirths (2019b) dargestellten Muster wird zunächst eine Urliste mit 3 Spalten und 11 Zeilen erstellt. In der Kopfzeile wird die Überschrift der drei Spalten notiert, zum Beispiel „Nummer", „Wurfergebnisse", „Auswertung". Es folgen 10 Zeilen mit der Nummer des Versuchs, den beiden Wurfergebnissen und jeweils einer der drei Bemerkungen „0 Tore", „1 Tor" oder „2 Tore". Danach kommt eine Liste mit 4 Spalten und 4 Zeilen. In der Kopfzeile steht als Überschrift über den einzelnen Spalten „Ergebnis", „0 Tore", „1 Tor" und „2 Tore". In der zweiten Zeile folgt „absolute Häufigkeit" mit den 3 Zählresultaten, in der dritten Zeile „relative Häufigkeit" mit den 3 Brüchen (Dezimalzahlen) und in der 4. Zeile folgt

„Wahrscheinlichkeit" mit den 3 Schätzwerten. Beim Ergebnis „2 Tore" ist zu erwarten, dass die Simulation häufig auf 0 Realisierungen führt. Hier ergibt sich also in einem solchen Fall die Notwendigkeit, über eine sinnvolle Schätzung nachzudenken und nicht automatisch die relative Häufigkeit zu übernehmen. Zur Wahl des Wahrscheinlichkeitsmodells siehe 3d.

d : Möglichkeiten sind zum Beispiel :
- Der kleine Klaus gewinnt, Dixie gewinnt, der Wettbewerb endet unentschieden.
- 0:0; 1:0; 0:1; 1:1 .

Aufgabe 2 : Beschreibe, wie Du den folgenden Zufallsversuch simulierst : Du steht vor einer verschlossenen Tür. An Deinem Schlüsselbund sind 4 gleichartig aussehende Schlüssel. 1 Schlüssel davon öffnet das Schloss. Du weißt nicht, welcher das ist und probierst solange Schlüssel aus, bis Du die Tür aufschließen kannst.

Hilfsmittel : unterscheidbare Würfel (zum Beispiel unterschiedlich gefärbt oder aus verschiedenem Material), verschiedene Münzen, gleichartige Legosteine unterschiedlicher Farbe sowie Becher oder undurchsichtige Tüte als Hilfe zum Ziehen oder Würfeln. Je nach Schwerpunktsetzung oder unterrichtlicher Voraussetzung wird nur ein Teil dieser Hilfsmittel zugelassen.

Lösungsskizzen :
In eine undurchsichtige Tüte werden 4 Legosteine gelegt, 3 weiße und 1 roter. Die Steine werden gut gemischt. Dann wird „blind" gezogen ohne Zurücklegen des gezogenen Steins. Zieht man den roten Stein, bedeutet das, dass der passende Schlüssel gefunden worden ist. Dann kann die Ziehung abgebrochen werden, ansonsten muss mit den restlichen Steinen solange weiter gezogen werden, bis man den roten Stein zieht.

Es wird anspruchsvoller, wenn man nur Münzen und Würfel, aber keine Legosteine zulässt :
4 Schlüssel : Es werden je eine Münze zu 1 Pfennig und zu 5 Pfennig geworfen. Eins der 4 Ergebnisse, zum Beispiel (1;5), bedeutet, der passende Schlüssel wurde gefunden, man kann aufhören, die drei anderen Wurfergebnisse, dass der Schlüssel nicht gefunden wurde und man mit 3 Schlüsseln weitermachen muss.
3 Schlüssel : Ein Würfel wird geworfen. Zwei der sechs Wurfergebnisse bedeuten, der passende Schlüssel wurde gefunden und man kann aufhören; die 4 anderen, er wurde nicht gefunden und man muss mit 2 Schlüsseln weitermachen.
2 Schlüssel : Es wird eine Münze geworfen. Ein Wurfergebnis, zum Beispiel Zahl, bedeutet, der passende Schlüssel wurde gefunden, das andere, er wurde nicht gefunden.
1 Schlüssel : Hier ist keine Simulation mehr erforderlich, wir haben den gesuchten Schlüssel.

Die Simulation mit den Legosteinen führt häufig auf ein Ziehen ohne Zurücklegen. Bei der anderen Simulation sind auch Vorschläge gemacht worden, in denen die unter „4 Schlüssel" beschriebene Situation solange durchgespielt wird, bis das passende Ergebnis erscheint.

Aufgabe 3 : Lehrer Lämpel vergibt nur drei Noten. Jeder Schüler muss einen Test mit zwei Fragen beantworten. Die Note „Spitzenklasse" erhält, wer beide Fragen richtig beantwortet. Die Note „Mittelmaß" bekommt man bei einer richtigen Antwort und als „Absteiger" wird eingestuft, wer keine Frage richtig beantworten kann. Fritzchen Fröhlich überlegt : Die erste Frage beantworte ich in der Hälfte aller Fälle richtig, die zweite, schwierigere aber nur in 2 von 6 Fällen. Fritzchen Fröhlich hat 25 Simulationen gemacht und seine Ergebnisse in folgender Tabelle zusammengefasst :

Ergebnis	1. Frage falsch, 2. Frage richtig	Beide Fragen richtig	Beide Fragen falsch	1. Frage richtig, 2. Frage falsch
Absolute Häufigkeit	3	2	11	9
Wahrscheinlichkeit	0,1	0,1	0,4	0,4

a. Beschreibe, wie Du diesen Vorgang simulieren würdest.
b. Berechne aus Fritzchens Simulation die relative Häufigkeit für „Spitzenklasse", „Mittelmaß" und „Absteiger" als Bruch und als Dezimalzahl.
c. Beschreibe, welche Besonderheiten Dir an Fritzchens Wahrscheinlichkeitsmodell auffallen und begründe Fritzchens Schätzung der einzelnen Wahrscheinlichkeiten sinnvoll.
d. Barbara hält 0,1 für zu klein und 0,4 für zu groß. Nimm zu Barbaras Meinung Stellung.
e. Schätze, wie oft Du nach 400 Test von Lehrer Lämpel das Ergebnis „Beide Aufgaben richtig" erwarten musst.

Lösungsskizzen zu a : 1. Frage : Ich nehme eine Münze. Wappen bedeutet : Die Antwort ist richtig. Zahl : Die Antwort ist falsch.
2. Frage : Ich nehme einen Würfel. 2 Wurfergebnisse, z. B. 1 und 6, bedeuten : Die Antwort ist richtig, die anderen 4 Wurfergebnisse bedeuten : Die Antwort ist falsch.

Lösungsskizzen zu b :

Ergebnis	Spitzenklasse	Mittelmaß	Absteiger
relative Häufigkeit	$\frac{2}{25} = \frac{8}{100} = 0,08$	$\frac{12}{25} = \frac{48}{100} = 0,48$	$\frac{11}{25} = \frac{44}{100} = 0,44$

Lösungsskizzen zu c : Im Idealfall werden die beiden Ergebnisse „1. und 2. Antwort richtig" sowie „1. Antwort falsch und 2. richtig" gleich häufig vorkommen (In der Hälfte von 2 von 6 Fällen). Fritzchen nimmt den Mittelwert der beiden relativen Häufigkeiten als Schätzwert für die Wahrscheinlichkeit jedes der beiden Ergebnisse. Er bevorzugt offenbar einstellige Dezimalzahlen. Ebenso verfährt er bei den anderen Ergebnissen, die doppelt so häufig wie die beiden zuerst betrachteten Ergebnisse (In der Hälfte von 4 von 6 Fällen) zu erwarten sind.

Anmerkung : Die Ausführungen sollen auch zeigen, dass mit solchen Modellvorgaben schon eine Kritik an Fritzchens Schätzung und eine Verbesserung im Hinblick auf die tatsächlich vorhandenen Wahrscheinlichkeiten möglich ist. Bei Aufgaben vom Typ „3 Würfe auf 6 Dosen" (vgl. Wirths (2019)) ist eine exakte Vorhersage noch nicht so offensichtlich.

Lösungsskizzen zu d :„In der Hälfte von 2 von 6 Fällen" bedeutet „In einem von 6 Fällen", also $\frac{1}{6} = 0,1\overline{6}$. „In der Hälfte von 4 von 6 Fällen" ergibt das Doppelte, also $\frac{2}{6} = \frac{1}{3} = 0,\overline{3}$.

Alternative : Man kann auch mit der Strategie „Denken wir uns viele Wiederholungen des Tests" argumentieren und zum Beispiel für 100 Tests ausrechnen, wie viele Ergebnisse konkret auf „In der Hälfte von 2 (bzw. 4) von 6 Fällen" entfallen. Siehe hierzu auch Aufgabe 2 in 1.4.

Lösungsskizzen zu e : Nach Fritzchens Schätzung ist „Beide Aufgaben richtig" 0,1·400 mal = 40 mal zu erwarten.

1.1.3 Lehrplanelement „Mehrstufige Zufallsexperimente und Baumdiagramme"

Aufgabe 1 : In einer Lostrommel befinden sich 6 nicht unterscheidbare Kugeln. 4 tragen den Buchstaben „A", die anderen den Buchstaben „N". Wir ziehen mit (ohne) Zurücklegen.

a. Berechne die Wahrscheinlichkeit dafür, dass nach 4 maligem Ziehen das Wort „ANNA" (in der Reihenfolge der Ziehungen) entsteht.
b. Berechne die Wahrscheinlichkeit, genau ein „N" bei 4 Ziehungen zu ziehen.
c. Untersuche ohne Rechnung, ob die Wahrscheinlichkeit, höchstens ein „N" zu ziehen, größer, kleiner oder gleich der Wahrscheinlichkeit aus Aufgabe b ist.
d. Es befinden sich jetzt 6 nicht unterscheidbare Kugeln mit „N" in der Lostrommel. Untersuche, wie viele mit „A" darin sein müssen, damit sich die Chancen beim 1. Zug gegenüber der alten Urne nicht ändern.

Lösungsskizzen : Es ist nicht unbedingt erforderlich, ein Baumdiagramm zu zeichnen. Man kann sich die gefragten Wege des Baumdiagramms gut vorstellen.

a : $P(\text{„Anna"}) = \frac{4}{6} \cdot \frac{2}{6} \cdot \frac{2}{6} \cdot \frac{4}{6} = \frac{4}{81}$ (mit Zurücklegen)

$P(\text{„Anna"}) = \frac{4}{6} \cdot \frac{2}{5} \cdot \frac{1}{4} \cdot 1 = \frac{1}{15}$ (ohne Zurücklegen)

b : $P(\text{„Genau ein „N""}) = 4 \cdot \frac{2}{6} \cdot \left(\frac{4}{6}\right)^3 = \frac{32}{81}$ (mit Zurücklegen)

$P(\text{„Genau ein „N""}) = 4 \cdot \frac{4 \cdot 3 \cdot 2 \cdot 2}{6 \cdot 5 \cdot 4 \cdot 3} = \frac{8}{15}$ (ohne Zurücklegen)

c : Es gilt unabhängig davon, ob mit oder ohne Zurücklegen gezogen wird : P(„höchstens ein „N"") = P(„kein „N"") + P(„genau ein „N""). P(„höchstens ein „N"") ist größer als P(„genau ein „N""), da P(„kein „N"") > 0 ist.

d : Es gilt unabhängig davon, ob mit oder ohne Zurücklegen gezogen wird : Es müssen 12 nicht unterscheidbare Kugeln mit „A" enthalten sein. Dann ist beim 1. Zug $P(\text{„A"}) = \frac{12}{18} = \frac{4}{6} = \frac{2}{3}$ und $P(\text{„N"}) = \frac{6}{18} = \frac{2}{6} = \frac{1}{3}$.

Anmerkung : Interessant wäre nach Aufgabe d ein Arbeitsauftrag wie zum Beispiel „Untersuche ohne weitere Rechnung, welche Ergebnisse aus Aufgabe a, b und c beim Ziehen aus der neuen Urne größer oder kleiner werden oder aber gleich bleiben."

Aufgabe 2 : In der Halbzeitpause der Spiele des VfB Oldenburg wollen „Klaus und Klaus" zum Vergnügen der Zuschauer einen Wettbewerb im Elfmeterschießen durchführen. Jeder schießt einmal, erst der kleine Klaus, dann der dicke („Dixie"). Im Tor steht der 2. Torwart des VfB. Wir setzen voraus : Der kleine Klaus trifft bei 2 von 6 Versuchen, Dixie in der Hälfte aller Fälle.

a. Denke Dir viele Halbzeitpausen mit Elfmeterschießen. In wie vielen dieser Halbzeitpausen müssen wir 0 Tore, wie häufig 1 Tor und wie oft 2 Tore erwarten ?
b. Berechne aus den Ergebnissen von Aufgabe a die Wahrscheinlichkeit P_2 für 2 Tore.
c. Untersuche, bei welchen Anzahlen an Halbzeitpausen sich in Aufgabe a besonders einfache Zahlen ergeben.

Lösungsskizzen zu a : 0 Tore erwarten wir in 200 von 600 Pausen, 1 Tor erwarten wir in 300 von 600 Pausen, 2 Tore erwarten wir in 100 von 600 Pausen.

Lösungsskizzen zu b : $P_2 = \frac{100}{600} = \frac{1}{6}$

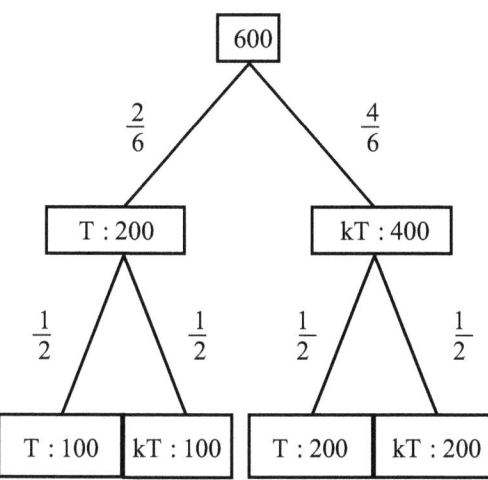

Lösungsskizzen zu c : Das kleinste gemeinsame Vielfache kgV der beiden Nenner der gekürzten Brüche (2 bzw. 3) ist 6. Will man als erwartete Häufigkeiten der einzelnen Ergebnisse natürliche Zahlen und keine Brüche erhalten, muss man bei der Anzahl der Halbzeitpausen von Vielfachen von 6 ausgehen.

T : Es fällt ein Tor   kT : Es fällt kein Tor

Anmerkung : Diese Aufgabenstellung wurde bewusst wieder gewählt, um auf eine mögliche Anknüpfung an den Unterricht im Lehrplanelement „Prognosen" aufmerksam zu machen. Diese Verknüpfung kann man auch dadurch verstärken, dass diese Stochastikthemen als eine Einheit am Ende der einen Klasse und zu Beginn der folgenden Klasse unterrichtet werden. Als diese Aufgabe gestellt wurde, waren die Pfadregeln noch nicht formuliert worden.

Aufgabe 3 : Inge steht vor einer verschlossenen Tür. An ihrem Schlüsselbund sind 8 verschiedene Schlüssel, von denen 2 das Schloss nicht öffnen. Inge kann nicht erkennen, welche Schlüssel passen oder nicht passen. Sie probiert solange die Schlüssel aus, bis sie die Tür aufschließen kann.

a. Stelle ein Baumdiagramm für diesen Vorgang mit allen Möglichkeiten und Wahrscheinlichkeiten auf und beschreibe Deine Idee !
b. Berechne die Wahrscheinlichkeit, dass sie mehr als 2 mal probieren muss.
c. Untersuche, wie oft Inge im Mittel Schlüssel in das Schloss stecken muss, bis sie die Tür aufschließen kann.

Lösungsskizzen :

a : P_a bedeutet : Schlüssel passt.
Schlüssel, die nicht passen, werden nicht mehr ausprobiert. Wir betrachten also ein Ziehen ohne Zurücklegen.

b : P(„mehr als zweimal probieren") = $\frac{2}{8} \cdot \frac{1}{7} \cdot 1 = \frac{1}{28}$.

c : Denken wir uns 28 Wiederholungen dieses Vorgangs „Tür öffnen durch Ausprobieren der Schlüssel". Es gelingt Inge in 21 Fällen, mit dem ersten Schlüssel, in 6 Fällen mit dem zweiten Schlüssel und 1 mal mit dem dritten Schlüssel, die Tür zu öffnen. Insgesamt muss Inge 36 mal einen Schlüssel einstecken bei insgesamt 28 Wiederholungen. Inge muss im Mittel circa 1,29 ($\frac{36}{28} = \frac{9}{7} \approx 1,29$) mal einen Schlüssel ausprobieren.

Ob Lehrenden auch Lösungen vorgelegt werden, in denen der ausprobierte Schlüssel wieder zurückgelegt wird ? Auch das lässt eine interessante Modellierung zu.

Aufgabe 4 : Heike treibt in ihrer Freizeit Sport oder sie spielt Querflöte. Zu Kathrin sagt sie : „Wenn ich an einem Tag Sport treibe, dann treibe ich in $\frac{5}{6}$ aller Fälle am nächsten Tag auch wieder Sport. Spiele ich jedoch an einem Tag Querflöte, dann spiele ich am nächsten Tag in $\frac{2}{3}$ aller Fälle wieder Querflöte." Heute ist Sonntag, und Kathrin spielt mit Heike Badminton.

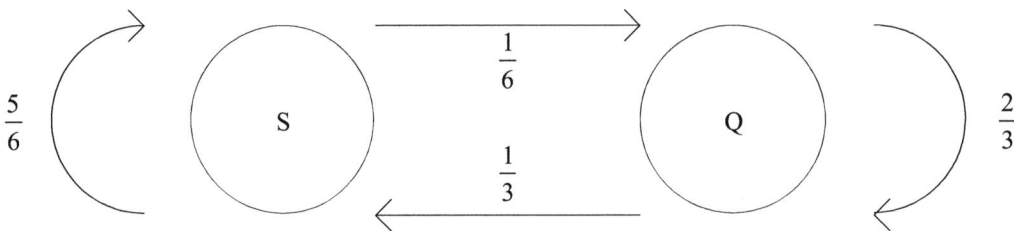

a. Berechne die Wahrscheinlichkeit, dass Heike am Dienstag wieder Sport treibt.
b. Berechne die Wahrscheinlichkeit, dass Heike von Montag bis Donnerstag einschließlich genau einmal Sport treibt.

Lösungsskizzen : Der Übergangsgraph oder ein Baumdiagramm sind geeignet, die Situation zu visualisieren. Mit einem Spielhütchen können wir alle Situationen durchfahren.

a : P(„Dienstag wieder Sport, wenn am Sonntag Sport") = $\frac{5}{6} \cdot \frac{5}{6} + \frac{1}{6} \cdot \frac{1}{3} = \frac{27}{36} = \frac{3}{4}$

b : P(„Montag bis Donnerstag genau einmal Sport, falls am Sonntag Sport") =
$\frac{5}{6} \cdot \frac{1}{6} \cdot \frac{2}{3} \cdot \frac{2}{3}$ (Montag Sport) + $\frac{1}{6} \cdot \frac{1}{3} \cdot \frac{1}{6} \cdot \frac{2}{3}$ (Dienstag Sport) + $\frac{1}{6} \cdot \frac{2}{3} \cdot \frac{1}{3} \cdot \frac{1}{6}$ (Mittwoch Sport) +
$\frac{1}{6} \cdot \frac{2}{3} \cdot \frac{2}{3} \cdot \frac{1}{3}$ (Donnerstag Sport) = $\frac{28}{324} = \frac{7}{81} \approx 0{,}0864$.

Aufgabe 5 : Eine Urne enthält 2 weiße und 4 schwarze Kugeln. Es wird so lange ohne Zurücklegen der gezogenen Kugel gezogen, bis von einer Sorte wenigstens eine Kugel, von der anderen genau eine Kugel gezogen wurde. Die Ergebnisse werden in der Reihenfolge der Ziehung notiert.
a. Wie groß ist die Wahrscheinlichkeit, dass genau eine schwarze Kugel gezogen wird ?
b. Wie groß ist die Wahrscheinlichkeit, mehr als eine schwarze Kugel zu ziehen ?
c. Stelle in einer Tabelle die Anzahl der Ziehungen mit den zugehörigen Wahrscheinlichkeiten dar !
d. Nach wie vielen Ziehungen ist im Mittel dies Spiel zu Ende ?

Lösungsskizzen :
a : Statt eines Baumdiagramms gebe ich hier die Ergebnisse und ihre Wahrscheinlichkeiten an :

Ergebnis	(w;s)	(s;w)	(w;w;s)	(s,s;w)	(s;s;s;w)	(s;s;s;s;w)
Wahrscheinlichkeit	$\frac{4}{15}$	$\frac{4}{15}$	$\frac{1}{15}$	$\frac{3}{15}$	$\frac{2}{15}$	$\frac{1}{15}$

P(„genau eine schwarze Kugel") = $\frac{4}{15} + \frac{4}{15} + \frac{1}{15} = \frac{9}{15} = \frac{3}{5}$

b : P(„mehr als eine schwarze Kugel") = $1 - \frac{3}{5} = \frac{2}{5}$ („Keine schwarze Kugel" ist nicht möglich)

c :

X : Anzahl der Ziehungen	2	3	4	5
Wahrscheinlichkeit	$\frac{8}{15}$	$\frac{4}{15}$	$\frac{2}{15}$	$\frac{1}{15}$

d : E(X) = $\frac{8}{15} \cdot 2 + \frac{4}{15} \cdot 3 + \frac{2}{15} \cdot 4 + \frac{1}{15} \cdot 5 = \frac{41}{15} \approx 2{,}73$. Bei 100 Wiederholungen muss man im Mittel circa 273 mal ziehen.

Anregungen für weitere Aufgaben findet man in Kapitel 4 in Wirths (2019b).

1.1.4 Aufgaben zu einem Lehrplanelement „Vierfeldertafel"

Aufgabe 1 : Gegeben sei diese Vierfeldertafel :   95   5
                                                      18   882

a. Schreibe zwei kurze Zeitungsnotizen, die beide auf dieser Vierfeldertafel beruhen, die aber mit so unterschiedlichen Zahlen argumentieren, dass man erst nach einer genauen Untersuchung die gemeinsame Datenquelle entdeckt.

b. Zeichne die beiden Typen von Baumdiagrammen zu dieser Vierfeldertafel.

Lösungsskizzen zu a : Annike schreibt zum Stichwort „Zwei-Klassen-Gesellschaft in der Medizin" : Es wurde ein neues Verfahren zur Behandlung einer Krankheit entwickelt. Die Krankenkassen lehnen eine Übernahme der extrem hohen Kosten ab, so dass bisher nur 10 % der Erkrankten dieses neue Verfahren in Anspruch nehmen konnten. Davon wurden 95 % geheilt. Bei herkömmlichen Methoden besteht dagegen nur eine 2 %-Chance auf Heilung.

Zum Stichwort „Zu wenig Erfolge bei der Krankheitsbehandlung" schreibt sie : Es ist alarmierend, dass nur 11,3 % der Patienten, die ein bestimmtes Leiden haben, bisher geheilt werden können. Dabei gibt es eine neue Behandlungsmethode, die bisher nur in 5 von 887 statistisch erfassten Fällen zu keinem Erfolg führte. Mit herkömmlichen Methoden konnten dagegen nach dieser Statistik nur 144 von 904 Erkrankten geheilt werden.

Lösungsskizzen zu b : Wir erweitern die Vierfeldertafel. Die Bezeichnungen orientieren sich an der Lösung von a :

	Geheilt	nicht geheilt	Summe
neue Methode	95	5	100
alte Methode	18	882	900
Summe	113	887	1000

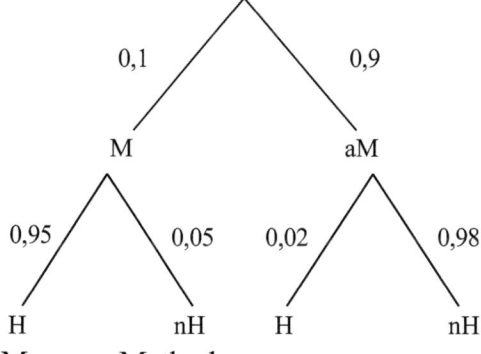
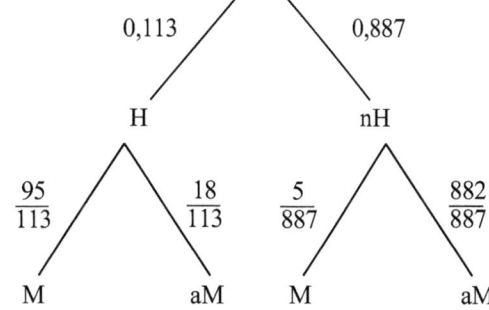

M : neue Methode   aM : alte Methode
H : geheilt   nH : nicht geheilt

Die Wahrscheinlichkeiten der ersten Stufe im linken Baumdiagramm erhalten wir als Quotient aus der jeweiligen Zeilensumme und der Gesamtsumme. Die Wahrscheinlichkeiten der zweiten Stufe im linken Baumdiagramm erhalten wir als Quotient aus dem jeweiligen Zeilenelement und der zugehörigen Zeilensumme. Die Wahrscheinlichkeiten der ersten Stufe im rechten Baumdiagramm erhalten wir als Quotient aus der jeweiligen Spaltensumme und der Gesamtsumme. Man kann sie auch aus dem linken Baumdiagramm berechnen : P(H) = 0,1·0,95 + 0,9·0,02 = 0,113, also folgt P(nH) = 1 - 0,113 = 0,887. Die Wahrscheinlichkeiten der zweiten

Stufe im rechten Baumdiagramm erhalten wir als Quotient aus dem jeweiligen Spaltenelement und der zugehörigen Spaltensumme.

Aufgabe 2 : In einem Auto wird eine Alarmanlage eingebaut. Bei einem Einbruch gibt sie in 99 % aller Fälle Alarm. Die Wahrscheinlichkeit für einen Fehlalarm sei 1 %. Die Einbruchswahrscheinlichkeit für einen nachts draußen abgestellten Pkw beträgt in diesem Stadtteil 0,1 %.

a. Die Anlage löst soeben Alarm aus. Untersuche, wie groß die Wahrscheinlichkeit P(E) ist, dass dieser Alarm durch einen Einbruch verursacht wurde.

b. Stelle eine Vierfeldertafel auf.

c. Eine Alarmanlage, die auch auf Raddiebstahl reagieren soll, ist anfälliger. Die Wahrscheinlichkeit für einen Fehlalarm beträgt 5 % . Untersuche möglichst ohne Rechnung, wie sich dies auswirkt, wenn alle anderen Angaben aus Aufgabe a weiterhin gültig sind.

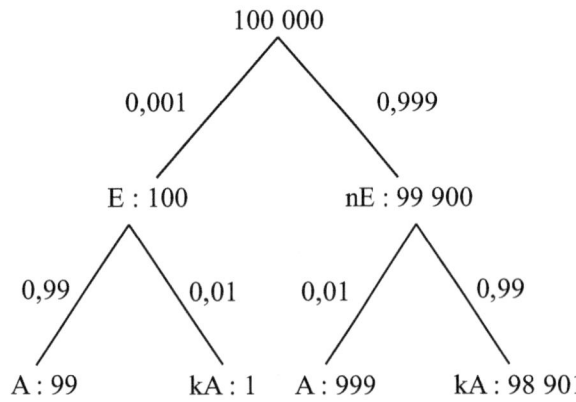

Lösungsskizzen zu a : Im links abgebildeten Baumdiagramm gehen wir von 100 000 abgestellten Autos aus. Dann müssen wir bei 100 Autos (1. Stufe) mit Einbrüchen rechnen, bei denen die Alarmanlage in 99 Fällen reagiert (2. Stufe) und einmal nicht reagiert. Bei den übrigen 99 900 geparkten Autos (1. Stufe) wird in 999 Fällen Fehlalarm ausgelöst (2. Stufe). Die Alarmanlage reagiert in insgesamt 1098 Fällen. Es gilt : $P(E) = \frac{99}{99 + 999} \approx 9\,\%$.

Nur bei rund 9 % aller Alarme findet ein Einbruch statt, wenn die Alarmanlage reagiert. Die Abkürzungen bedeuten : E : Einbruch, nE : kein Einbruch, A : Alarm, kA : kein Alarm

Lösungsskizzen zu b : Hier die erweiterte Vierfeldertafel :

	Alarm	kein Alarm	Summe
Einbruch	99	1	100
kein Einbruch	999	98 901	99 900
Summe	1 089	98 902	100 000

Lösungsskizzen zu c : Die Zahl der Fehlalarme verfünffacht sich, die Anzahl der korrekten Alarme verändert sich nicht. Also wird P(E) kleiner.

Es können leicht weitere Aufgaben aus dem Umfeld des Satzes von Bayes zum Interpretieren, Erstellen von Vierfeldertafeln oder zum Rückwärtsschließen einer Wahrscheinlichkeit in Baumdiagrammen nach diesen Vorbildern erstellt werden. Auf Kapitel 5 in Wirths (2019)) sei hingewiesen. Es folgt eine - sehr problematische ! - Aufgabe aus der Dunkelfeldforschung.

Aufgabe 3 : Die Schülervertretung (SV) Deiner Schule möchte untersuchen, ob Lernende Deiner Jahrgangsstufe bereits Erfahrungen mit Drogen haben. Um die Anonymität zu wahren und alle zu wahrheitsgemäßen Antworten zu motivieren, hat die SV Folgendes ausgedacht : Jeder Lernende erhält 10 Karten, die er sorgfältig mischt. Auf 4 dieser Karten steht : „Ist es wahr, dass Du bereits Kontakt mit Drogen hattest ?" (K1). Auf den restlichen 6 Karten steht : „Ist es wahr, dass Du noch keinen Kontakt mit Drogen hattest ?". (K2) Jeder Befragte zieht aus den 10 gut gemischten Karten eine einzige. Er kreuzt auf einem Zettel, auf dem nur die Worte „Ja" und „Nein" stehen, wahrheitsgemäß die richtige Antwort an und wirft den Zettel in eine Urne. Die SV veröffentlicht folgende Umfrageergebnisse : Anzahl der Befragten : 94; Anzahl der Antworten mit „Ja" : 51; Anzahl der Antworten mit „Nein" : 43. Die Wahrscheinlichkeit, dass ein Schüler Deiner Jahrgangsstufe bereits Kontakt mit Drogen hatte, sei p.

a. Stelle ein Modell für die Auswertung der Umfrage als Baumdiagramm dar.
b. Berechne in diesem Modell die Wahrscheinlichkeit p.
c. Untersuche, wie viele Antworten „Ja" in diesem Modell mindestens und wie viele höchstens zu erwarten sind.
d. Anke protestiert. „93 Befragte, das ist für diese Untersuchung eine schlechte Zahl; 40 % von 93 ist keine natürliche Zahl. Bei einer konkreten Durchführung sind auch noch andere Ungereimtheiten zu erwarten. Das Modell hat so seine Tücken." Nimm zu Ankes Aussagen Stellung und versuche, solche möglichen Ungereimtheiten und Tücken aufzuspüren.

Lösungsskizzen zu a :

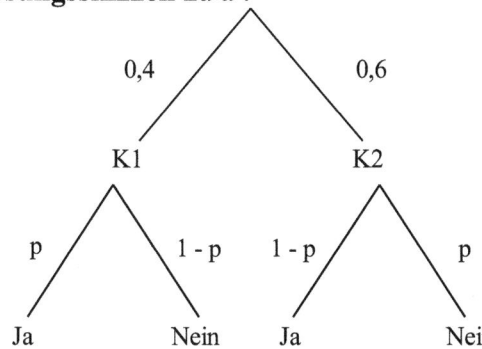

Die Wahrscheinlichkeit, dass jemand eine Karte K1 zieht, beträgt 0,4, diejenige, dass jemand eine Karte K2 zieht, 0,6. Dies ist in der 1. Stufe des Baumdiagramms eingetragen. Für die unbekannte Wahrscheinlichkeit, dass eine Schülerin oder ein Schüler, bereits Kontakt mit Drogen hatte, wird die Variable p gesetzt, entsprechend ist die Gegenwahrscheinlichkeit, keinen Kontakt mit Drogen gehabt zu haben, 1 - p. Wer mit Drogen Kontakt hatte, bejaht die Frage von K1 und verneint die Frage von K2. Wir gehen davon aus, dass alle Beteiligten wahrheitsgemäß antworten.

Lösungsskizzen zu b : 51 von 94 Befragten haben mit „Ja" geantwortet, der Anteil an allen Antworten beträgt $\frac{51}{94}$. Nach dem Baumdiagramm aus Aufgabe a gilt : $\frac{51}{94}$ = 0,4·p + 0,6·(1 - p) ⇔ p = 3 - $\frac{5 \cdot 51}{94}$ ≈ 0,245. Fast jeder 4. Lernende hat bereits Kontakt mit Drogen gehabt.

Lösungsskizzen zu c : x sei Variable für die Anzahl der Antworten mit „Ja". Nach der Rechnung von b muss gelten : $3 - \frac{5 \cdot x}{94} \geq 0$ ⇔ $x \leq \frac{3 \cdot 94}{5}$ ⇔ x ≤ 56,4. Es werden also mindestens 57 Antworten mit „Ja" zu erwarten sein. $3 - \frac{5 \cdot x}{94} \leq 1$ ⇔ $x \geq \frac{4 \cdot 94}{5}$ ⇔ x ≥ 75,2. Es sind also höchstens 75 Antworten mit „Ja" zu erwarten.

Lösungsskizzen zu d : Anke hat recht. 40 % von 93 (= 37,2) ergibt keine natürliche Zahl. Also sind zum Beispiel, falls 37 Lernende die 1. Karte ziehen, etwas weniger als 40 % bei einer Realisierung in der 1. Stufe im linken Zweig des Baumdiagramms zu erwarten und entsprechend etwas mehr als 60 % im rechten. Können nicht auch weniger als 37 oder mehr als 37 Befragte die 1. Karte in der Praxis ziehen ? Solche Überlegungen führen direkt in den Problemkreis des Lehrplanelements „Bernoulli-Ketten" hinein. Eine Verfeinerung des Modells auf die Betrachtung der Zahl der Befragten, die die 1. Karte ziehen und die zugehörige Wahrscheinlichkeit, ist dann möglich. Ebenso ergeben 0,6·93 sowie 0,4·p·93 und 0,6·(1 - p)·93 keine natürlichen Zahlen. Es folgt eine Auswahl von Fragen, deren Beantwortung ich dem Leser überlasse, die auch zeigen, wie problematisch solch eine Aufgabe ist :

- Wenn kein Befragter bisher mit Drogen Kontakt hatte, erwarte ich im Modell p = 0. Aber errechne ich bei 93 Befragten denn tatsächlich p = 0 ?

- Wenn alle Befragten Kontakt mit Drogen hatten, erwarte ich im Modell p = 1. Aber errechne ich bei 93 Befragten denn tatsächlich p = 1 ?
- Kann es vorkommen, dass man auch negative Werte oder Werte größer als 1 für p bei einer Realisierung dieses Vorgangs errechnen kann ?

1.1.5 Aufgaben zu einem Lehrplanelement „Bernoulli-Ketten"

Dieses Lehrplanelement können Curricula als Abschluss des Unterrichts der Sekundarstufe I, aber auch als Einstieg in den Stochastikunterricht der Sekundarstufe II enthalten.

Aufgabe : Ein Test enthält 10 verschiedene Fragen. Bei jeder Frage werden 6 Antworten, von denen genau eine richtig ist, zur Auswahl gestellt. Ein Schüler, der völlig unvorbereitet ist, hat den Eindruck, dass alle Antworten gleichermaßen in Frage kommen. Er kreuzt „auf gut Glück" bei jeder Frage eine Antwort an.

a. Berechne die Wahrscheinlichkeit, mindestens eine richtige Antwort zu geben.
b. Berechne die Wahrscheinlichkeit, höchstens eine richtige Antwort zu geben.
c. Lehrer Testix bewertet den Test nach folgendem Schema :

Anzahl richtiger Antworten	0 ... 1	2 ... 3	4 ... 5	6 ... 7	8 ... 9	10
Note	6	5	4	3	2	1

Untersuche, welche mittlere Bewertung (Durchschnittsnote) zu erwarten ist, wenn alle Teilnehmer beim Test „auf gut Glück" ankreuzen.

d. Berechne die Anzahl der Teilnehmer, die alle „auf gut Glück" ankreuzen, damit ein einziger Test mit der Note „1" zu erwarten ist.

Lösungsskizzen : X : Zahl der richtigen Antworten

$a : P(X \geq 1) = 1 - P(X = 0) = 1 - \left(\frac{5}{6}\right)^{10} \approx 0{,}8385$

$b : P(X \leq 1) = P(X = 0) + P(X = 1) = \left(\frac{5}{6}\right)^{10} + 10 \cdot \frac{1}{6} \cdot \left(\frac{5}{6}\right)^{9} \approx 0{,}4845$

c :

Note	1	2	3	4	5	6
Wahrscheinlichkeit	$1{,}65 \cdot 10^{-8}$	0,000019	0,00027	0,01519	0,44576	0,48452

Die mittlere Note (Durchschnittsnote) beträgt ungefähr 5,2.

$d :$ Es müssen $\frac{1}{P(X = 10)}$, also ungefähr 60 466 176, Teilnehmer sein.

In der Literatur findet man eine Reihe gut geeigneter Aufgaben zu den kombinatorischen Grundproblemen und zu Bernoulli-Ketten, so dass nur diese Aufgabe vorgestellt wird. Anregungen für weitere Aufgaben können auch Kapitel 7 in Wirths (2019b) entnommen werden.

1.2. Klausuren

Ich stelle Einzelaufgaben vor, aus denen - gegebenenfalls zusammen mit anderen Aufgaben - eine Klausur zusammengestellt werden kann. Es lassen sich leicht weitere Aufgaben nach diesen Vorbildern oder nach Beispielen aus der Literatur entwickeln. Dabei setze ich voraus, dass die stochastischen Grundlagen der Sekundarstufe I nicht separat wiederholt werden, sondern bei der Erarbeitung des Themenfelds „Bernoulli-Ketten" wiederholt, gefestigt, vertieft und Ereignisse auch durch Zufallsvariablen beschrieben werden. Außerdem setze ich voraus, dass jeder Prüfling als Hilfsmittel ein elektronisches Hilfsmittel (graphikfähiger Taschenrechner, Tablet, etc), eine gedruckte Formelsammlung sowie, falls trotz der elektronischen Hilfsmittel noch erforderlich, Stochastik-Tabellen benutzen darf.

Bei Benutzung eines zumindest graphikfähigen Rechners machen früher übliche Teilaufgaben wie zum Beispiel „Zeichnen Sie den Funktionsgraphen." oder „Führen Sie handschriftlich eine Regressionsrechnung durch." oder die Vorgabe von Ergebnissen einer Kurvendiskussion oder einer Ausgleichsrechnung keinen Sinn mehr. Der Graph wird vom graphikfähigen Rechner auf Knopfdruck gezeichnet und kann Punkt für Punkt abgetastet werden. Der Rechner erstellt nach den Vorgaben und Wünschen des Benutzers eine Wertetafel. Eine Regressionsrechnung wird auf Knopfdruck in dem gewählten Modell durchgeführt, wobei hier eine angemessene Begründung, warum das Modell gewählt wird, sowie eine begründete Erläuterung, ob in diesem Modell die Daten angemessen dargestellt werden, unverzichtbar sind. Ich bitte, all dies beim Durcharbeiten der Aufgaben 12 und 13 für den Unterricht auf grundlegendem Anforderungsniveau (im folgenden Grundniveau genannt) und von Aufgabe 11, 13 und 14 für den Unterricht auf erhöhtem Anforderungsniveau (im folgenden Leistungsniveau genannt) zu beachten. Es werden in den hier vorgestellten Aufgaben mehr Themenbereiche angesprochen als in den Vorgaben für eine Abiturprüfung nach 13-jähriger Schulzeit in der Regel verlangt werden. Wichtig erscheint mir, die große Bandbreite stochastischer Fragestellungen darzustellen in der Hoffnung, dass Curricula und Abiturvorgaben in Zukunft auch bisher vernachlässigte Gesichtspunkte berücksichtigen. Je nach Schwerpunktsetzung wird es im Unterricht möglich, bei einem Durchgang die einen, bei einem anderen Durchgang andere Aufgaben in den Unterricht zu integrieren, so dass über mehrere Jahre gesehen Lehrende die gesamte Bandbreite ausschöpfen.

1.2.1 Aufgaben für das Grundniveau

Aufgabe 1 : Der Lehrer Karl Stochast ermittelt Zeugnisnoten mit einem Laplace-Würfel (L-Würfel) : Er würfelt und gibt die gewürfelte Augenzahl als Note. Sein Kollege Lutz Probili verfährt mit einem L-Würfel so : Würfelt er eine 2, 3, 4 oder 5, so ist dies die Note; andernfalls würfelt er noch einmal und nimmt die zweite Augenzahl als Note.
Vergleichen Sie beide Verfahren !

Lösungsskizzen : Einfache Überlegungen, wobei die Unterstützung durch ein Baumdiagramm nicht zwingend erforderlich ist, führen auf folgende Zuordnungen der Werte der Zufallsgröße X (X : gegebene Note) zu den zugehörigen Wahrscheinlichkeiten :

Note i	1	2	3	4	5	6	E(X)
Karl Stochast $P(X = i)$	$\frac{1}{6}$	$\frac{1}{6}$	$\frac{1}{6}$	$\frac{1}{6}$	$\frac{1}{6}$	$\frac{1}{6}$	3,5
Lutz Probili $P(X = i)$	$\frac{2}{36}$	$\frac{8}{36}$	$\frac{8}{36}$	$\frac{8}{36}$	$\frac{8}{36}$	$\frac{2}{36}$	3,5

Beim Vergleich der beiden Verteilungen können auffällige Eigenschaften (gleicher Erwartungswert, Anteil der Unternoten bei Karl Stochast über 30%, bei Lutz Probili unter 30 %, gleichverteilte Noten bei Karl Stochast, mehr Noten „1" und „6" bei Karl Stochast, dafür mehr Noten „2" bis „5" bei Lutz Probili) herausgestellt werden.

Aufgabe 2 : Bei einem Test werden 3 verschiedene Aufgaben gestellt. Bei jeder Aufgabe gibt es 5 Antwortmöglichkeiten, von denen genau eine richtig ist. Ein Schüler kreuzt „auf gut Glück" jeweils eine Antwort an, weil er keine Ahnung hat und für ihn alle Möglichkeiten gleich plausibel erscheinen.

a. Berechnen Sie, welche mittlere Zahl an richtigen Lösungen ein Schüler bei diesem Vorgehen erwarten muss.
b. Berechnen Sie die Wahrscheinlichkeit, mindestens 1 richtige Antwort anzukreuzen.
c. Berechnen Sie, wie viele Aufgaben mindestens gestellt werden müssen, damit die Wahrscheinlichkeit, wenigstens 1 Aufgabe zu lösen, größer als 0,9 wird.

Lösungsskizzen : X : Anzahl der richtigen Lösungen

a : Einfache Überlegungen, wobei die Darstellung durch ein Baumdiagramm nicht zwingend erforderlich ist, führen auf folgende Zuordnung der Werte der Zufallsgröße X zu den zugehörigen Wahrscheinlichkeiten :

X	0	1	2	3	E(X)
P(X = i)	$0,8^3 = 0,512$	$3 \cdot 0,2 \cdot 0,8^2 = 0,384$	$3 \cdot 0,2^2 \cdot 0,8 = 0,096$	$0,2^3 = 0,008$	0,6

b : $P(X \geq 1) = 1 - P(X = 0) = 0,488$ (Gegenereignis - Strategie !)

c : $P(X \geq 1) > 0,9 \Leftrightarrow 1 - P(X = 0) > 0,9 \Leftrightarrow P(X = 0) < 0,1 \Rightarrow$
$0,8^n < 0,1 \Leftrightarrow n \cdot \log 0,8 < \log 0,1 \Leftrightarrow n > -\dfrac{1}{\log 0,8} \Leftrightarrow n > 10,3...$

Es sind also mindestens 11 Aufgaben erforderlich.

Aufgabe 3 : Simulieren Sie das Lösen von 5 Aufgaben mit je 5 Lösungsmöglichkeiten, von denen genau eine richtig ist, mit Hilfe von Zufallsziffern.
a. Beschreiben Sie Ihren Simulationsvorschlag !
b. Führen Sie Ihr Verfahren 20 mal durch und dokumentieren Sie Ihr Vorgehen ausführlich.

Lösungsskizzen :

a : Start an beliebiger Stelle in einer Zufallszahlentabelle. Zwei Ziffern symbolisieren „richtig gelöst". die anderen „falsch gelöst". Je 5 aufeinanderfolgende Zufallszahlen simulieren ein Experiment „Lösen von 5 Aufgaben mit 5 gleich wahrscheinlichen Wahlmöglichkeiten".
b : Von einer zufällig gewählten Stelle der Zufallszahlentabelle an werden $5 \cdot 20 = 100$ aufeinanderfolgende Zufallsziffern ausgewählt, eine Urliste erstellt und danach eine Tabelle mit absoluten und relativen Häufigkeiten entwickelt.

Aufgabe 4 : Auf der Kirmes werfen Jan und Bert auf Blechdosen. Jan trifft mit der Wahrscheinlichkeit $\dfrac{1}{3}$, Bert mit $\dfrac{1}{4}$. Beide werfen abwechselnd. Wer zuerst trifft, hat gewonnen.
Das Spiel ist bei einem Treffer zu Ende, spätestens aber nachdem beide zweimal geworfen haben. Jan will beginnen, doch Bert protestiert : „Der schwächere muss anfangen, dann haben wir beide gleiche Gewinnchancen."
a. Untersuchen Sie den Vorschlag von Bert.
b. Falls Jan beginnt, gilt P(„Jan gewinnt") = 0,5. Das dürfen Sie voraussetzen. Seine Folgerung lautet : „Das Spiel ist fair". Ist Jans Folgerung korrekt ? Begründen Sie Ihre Antwort, ohne eine weitere Rechnung durchzuführen.
c. Beide haben unendlich viele Versuche.

Lösungsskizzen :

a : Anhand eines Baumdiagramms folgt für den Fall, dass Bert beginnt :

$$P(\text{„Bert gewinnt"}) = \dfrac{1}{4} + \dfrac{1}{2} \cdot \dfrac{1}{4} = \dfrac{3}{8}$$

P(„Jan gewinnt") = $\frac{3}{4}\cdot\frac{1}{3} + \frac{3}{4}\cdot\frac{2}{3}\cdot\frac{3}{4}\cdot\frac{1}{3}$ = $\frac{3}{8}$. Bert hat recht.

b : Jan hat unrecht. Nach dem letzten Wurf kann keiner der beiden getroffen haben.

c : Bert beginnt : P(„Bert gewinnt") = $\frac{1}{4} + \frac{1}{2}\cdot\frac{1}{4} + \left(\frac{1}{2}\right)^2\cdot\frac{1}{4} + ...$ =

$\frac{1}{4}\cdot(1 + \frac{1}{2} + \left(\frac{1}{2}\right)^2 + ...)$ = $\frac{1}{4}\cdot 2$ = $\frac{1}{2}$

Jan beginnt : P(„Jan gewinnt") = $\frac{1}{3} + \frac{1}{2}\cdot\frac{1}{3} + \left(\frac{1}{2}\right)^2\cdot\frac{1}{3} + ...$ = $\frac{1}{3}\cdot(1 + \frac{1}{2} + \left(\frac{1}{2}\right)^2 + ...)$

= $\frac{1}{3}\cdot 2$ = $\frac{2}{3}$. Nur wenn Bert beginnt, haben bei unendlich vielen Versuchen beide gleiche Gewinnchancen.

Aufgabe 5 : Berechnen Sie, wie viele Möglichkeiten es gibt, aus 10 Personen
a. einen Ausschuss mit 3 gleichberechtigten Mitgliedern,
b. einen Vorstand (Vorsitzender, 1. Vertreter, 2. Vertreter),
c. einen Vorstand (Vorsitzender, 2 gleichberechtigte Beisitzer)
zu wählen und begründen Sie bei jeder Aufgabe Ihren Ansatz !

Lösungsskizzen : Z : Zahl der Möglichkeiten

b : Für die Wahl des Vorsitzenden gibt es 10 Möglichkeiten, für die des 1. Vertreters 9, für die des 2. Vertreters 8 Möglichkeiten. Insgesamt gibt es 10·9·8 Möglichkeiten (gedachtes Baumdiagramm). Z = $\frac{10!}{7!}$ = 10·9·8 = 720

a : Von den 720 Möglichkeiten aus Aufgabe b führen jeweils 3! (alle Möglichkeiten der Anordnung von 3 Personen) zum gleichen Ausschuss mit 3 gleichberechtigten Mitgliedern. Also ist Z = $\binom{10}{3}$ = $\frac{10\cdot 9\cdot 8}{3!}$ = 120

c : Für die Wahl des Vorsitzenden gibt es wie in Aufgabe b 10 Möglichkeiten. Für die dann folgende Wahl der beiden Beisitzer gibt es wie in Aufgabe b $\binom{9}{2}$ Möglichkeiten. Insgesamt gibt es also $10\cdot\binom{9}{2}$ Möglichkeiten (gedachtes Baumdiagramm). Z = $10\cdot\frac{9\cdot 8}{2}$ = 360

Aufgabe 6 : Jan dreht auf dem Kramermarkt ein Glücksrad, bei dem ein Kreissektor (Feld) mit dem Mittelpunktwinkel α mit 0° < α < 360° schraffiert ist. Der Zeiger bleibt mit der Wahrscheinlichkeit p im schraffierten Feld, mit der Wahrscheinlichkeit q im nicht-schraffierten Feld stehen. Jan muss vorher erklären, wieviel Versuche n er machen will und für diese Versuche bezahlen. Herr Schausteller verteilt einen Preis, wenn bei n Versuchen der Zeiger genau einmal im schraffierten Feld stehen bleibt. Die Wahrscheinlichkeit für dieses Ereignis sei P(p).

a. Untersuchen Sie, für welches p bei n Versuchen P(p) am größten ist und berechnen Sie den zugehörigen Winkel α.
b. Ein Glücksrad hat α = 180°. Der Gewinner erhält 2 €. Jeder Versuch kostet 1 €. Untersuchen Sie, ob man mit diesem Glücksrad so spielen kann, dass das Spiel fair ist.

Lösungsskizzen :
a. P(p) = $n\cdot p\cdot(1-p)^{n-1}$

$P'(p) = n \cdot [p \cdot (-1) \cdot (n-1) \cdot (1-p)^{n-2} + (1-p)^{n-1}]$ **n > 1 !**

$ = n \cdot [(1-p)^{n-2} \cdot (-n \cdot p + p + 1 - p)] = n \cdot (1-p)^{n-2} \cdot (-n \cdot p + 1)$

Nullstellen von $P'(p)$: $p = 1 \lor p = \frac{1}{n}$ **n > 1 !**

$P(0) = 0$; $P(1) = 0$; $P(\frac{1}{n}) = n \cdot \frac{1}{n} \cdot (1 - \frac{1}{n})^{n-1} = (1 - \frac{1}{n})^{n-1}$ **n > 1 !**

Bei n Versuchen, wobei n > 1 ist, muss für optimales $P(p)$ der Kreissektor mit einem Mittelpunktwinkel der Größe $\frac{1}{n} \cdot 360°$ schraffiert werden.

b. Für diesen Mittelpunktwinkel ist $p = \frac{1}{2}$. Jan darf nicht wie die Lösung von a nahe legt zweimal drehen, sondern nur einmal. Für $n = 1$ ist $P(\frac{1}{2}) = \frac{1}{2}$. Wenn die Zufallsgröße X den Gewinn in Euro misst, dann gilt : $E(X) = 1 \cdot \frac{1}{2}$ € $+ (-1) \cdot \frac{1}{2}$ € $= 0$ €. Das Spiel ist fair.

Aufgabe 7 : Der Weintrinker Vinitor behauptet, durch Probieren von einem Schluck Wein die genaue Herkunft des Weins in 4 von 5 Fällen erkennen zu können. Herr Skeptiker behauptet, dass Herr Vinitor „auf gut Glück" rät. In einem Test schafft Herr Vinitor, bei 5 Proben vier richtige Angaben zu machen. Formulieren Sie Hypothesen zu den beiden Standpunkten und untersuchen Sie, wie vom Standpunkt der Stochastik die Lage vor und nach dem Test zu beurteilen ist.

Lösungsskizzen : Hypothese 1 : Herr Vinitor hat die behauptete Fähigkeit, d. h. er erkennt den Wein mit einer Trefferwahrscheinlichkeit von 0,8.
Hypothese 2 : Herr Vinitor rät „auf gut Glück", d. h. seine Trefferwahrscheinlichkeit ist 0,5.

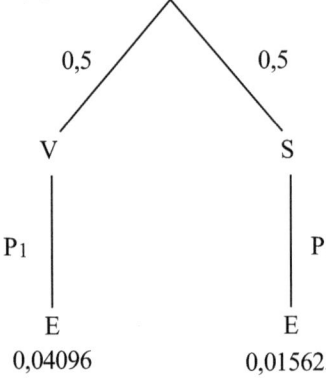

Vor dem Test halten wir beide Hypothesen für gleich wahrscheinlich und drücken dies im Baumdiagramm in der ersten Stufe durch die Pfadwahrscheinlichkeit von jeweils 0,5 aus. V bedeutet, dass Herr Vinitor recht hat, es ist also Hypothese 1 richtig. S bedeutet, dass Herr Skeptiker recht hat, es gilt also Hypothese 2. Das beobachtete Ereignis E („Herr Vinitor hat 4 von 5 Weinproben richtig erkannt") wird unter der jeweiligen Voraussetzung (es gilt Hypothese 1; es gilt Hypothese 2) untersucht. Es reicht aus, die Wahrscheinlichkeit für ein einziges Ergebnis, das zum Ereignis „4 von 5 wurden richtig erraten" gehört, zu benutzen (bitte nachweisen!).

Es gilt : $P_1 = 0{,}2 \cdot 0{,}8^4 = 0{,}08192$ und $P_2 = 0{,}5^5 = 0{,}03125$. Wenn wir die beiden Pfadwahrscheinlichkeiten $0{,}5 \cdot P_1$ und $0{,}5 \cdot P_2$ und ihren Anteil an $P(E)$ errechnen, dann sehen wir, dass nach dem Versuch für uns Hypothese 1 mit mehr als 72 % die größere Wahrscheinlichkeit als Hypothese 2 hat (bitte nachweisen !).

Aufgabe 8 : Von einem bestimmten Flugmotorentyp ist bekannt, dass er während des Flugs mit der Wahrscheinlichkeit p versagt.
a. Es sei $p = 0{,}1$. Berechnen Sie die Wahrscheinlichkeit, dass ein Motor
   a_1. bei einer zweimotorigen,
   a_2. bei einer viermotorigen Maschine ausfällt.
b. Ein Flugzeug soll flugfähig sein, wenn weniger als die Hälfte der Motoren ausfällt. P_i sei die Wahrscheinlichkeit, dass ein i-motoriges Flugzeug flugfähig bleibt.

Es darf ohne Nachweis vorausgesetzt werden, dass gilt: $P_2 - P_4 = (1-p)^2 \cdot p \cdot (3p-2)$.

Begründen Sie, dass man für $0 < p < \frac{2}{3}$ in einer viermotorigen, für $\frac{2}{3} < p < 1$ in einer zweimotorigen Maschine sicherer fliegt.

Lösungsskizzen: a: Bereits ein gedachtes Baumdiagramm führt zu:
zweimotorig: $P_2 = 2 \cdot 0,1 \cdot 0,9 = 0,18$
viermotorig: $P_4 = 4 \cdot 0,1 \cdot 0,9^3 = 0,2916$

b: Man fliegt in einer zweimotorigen sicherer bedeutet: $P_2 - P_4 > 0 \Leftrightarrow$
$(1-p)^2 \cdot p \cdot (3p-2) > 0 \Leftrightarrow p < 1 \wedge p > 0 \wedge 3p - 2 > 0 \Leftrightarrow \frac{2}{3} < p < 1$.

Analog wird die andere Ungleichung bewiesen. Siehe auch Aufgabe 1 für das Leistungsniveau.

Aufgabe 9: Lehrer Holzauge ist für besondere Wachsamkeit bei der Aufsicht von Klausuren bekannt. Dabei soll im Laufe der Zeit folgendes bekannt geworden sein:
- Herr Holzauge erkennt 85 % (= 0,85 = p_e) aller Mogeleien.
- Nicht-Mogler beschuldigt er mit einer Wahrscheinlichkeit $p_i = 0,001$, gemogelt zu haben.
- 20 % (= 0,2 = p_m) aller Schülerinnen oder Schüler mogeln tatsächlich.
- Herr Holzauge beaufsichtigt jedes Jahr das Anfertigen von 750 Klausuren, und das bereits 10 Jahre lang.

a. Stellen Sie in einem Modell für 7500 Klausuren alle Möglichkeiten dar.
b. P(E) sei die Wahrscheinlichkeit, dass jemand, der der Mogelei verdächtigt wird, auch tatsächlich gemogelt hat. Berechnen Sie P(E).
c. Zeigen Sie, dass allgemein gilt: $P(E) = \dfrac{p_m \cdot p_e}{p_m \cdot (p_e - p_i) + p_i}$.
d. Ina Schmidt wird von Herrn Holzauge der Mogelei beschuldigt. Sie beschwert sich bei Frau Übersicht, der Vorgesetzten von Herrn Holzauge. Stellen Sie je eine Folgerung aus dem mathematischen Modell, die für Herrn Holzauge, aber auch eine, die gegen ihn spricht, so deutlich wie möglich dar.

Lösungsskizzen:

a: Von den 7 500 Lernenden mogeln 1500 (20%) tatsächlich, 6 000 mogeln nicht. Dies wird in der ersten Stufe des Baumdiagramms dargestellt. Es werden 1 275 zu Recht der Mogelei beschuldigt, 225 beim Mogeln nicht erwischt. Es werden 6 zu Unrecht der Mogelei beschuldigt und 5 994 mogeln nicht und werden auch nicht der Mogelei beschuldigt. Dies wird in der zweiten Stufe des Baumdiagramms dargestellt.

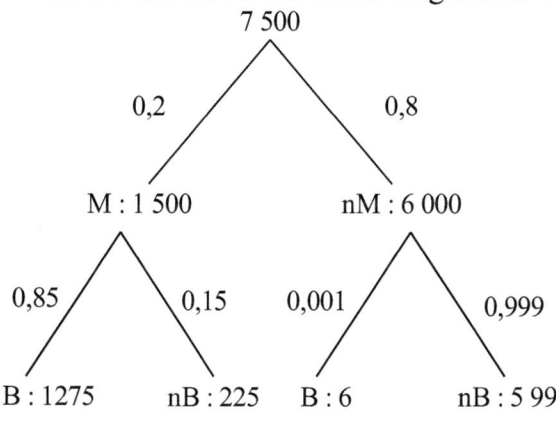

M : hat tatsächlich gemogelt
nM : hat nicht gemogelt
B : wird der Mogelei beschuldigt
nB : wird nicht beschuldigt

b: $P(E) = \dfrac{1275}{1281} = \dfrac{425}{427} \approx 0,995$

c: $p_m \cdot p_e$ ist die Wahrscheinlichkeit, dass jemand mogelt und dabei erwischt wird. Die Wahrscheinlichkeit, dass man der Mogelei beschuldigt wird, ist $p_m \cdot p_e + (1 - p_m) \cdot p_i$.

Die Wahrscheinlichkeit, zu Recht der Mogelei beschuldigt zu werden, ist

$$P(E) = \frac{p_m \cdot p_e}{p_m \cdot p_e + (1-p_m) \cdot p_i} = \frac{p_m \cdot p_e}{p_m \cdot p_e + p_i - p_m \cdot p_i} = \frac{p_m \cdot p_e}{p_m \cdot (p_e - p_i) + p_i}.$$

d : Für Herrn Holzauge spricht die hohe Wahrscheinlichkeit von 0,995, jemand zu Recht der Mogelei zu beschuldigen. Dagegen sprechen 225 beim Mogeln nicht erwischte und 6 Falschbeschuldigungen. Einen entsprechenden Brief sollte jeder Leser selbst entwerfen können.

Aufgabe 10 : Die Großhandelsfirma Elektro Nix verkauft elektronische Bauteile 1. und 2. Qualität. Sie bietet Pakete mit zum Beispiel 100 Bausteinen an, die entweder als Mischung A (60 % von 1. Qualität und 40 % von 2. Qualität) oder Mischung B (40 % von 1. Qualität und 60 % von 2. Qualität) deklariert werden. Bei einigen Paketen fehlt diese Kennzeichnung. Zur Überprüfung, welche der beiden Mischungen es ist, soll bei Firma Elektro Nix ein klassischer Test durchgeführt werden.

a. Formulieren Sie Hypothesen H_0 und H_1 und beschreiben Sie, welche Fehler bei diesem Test konkret gemacht werden können, und wen diese Fehler besonders interessieren oder betreffen. Es werden 10 Bauteile getestet. Zur Auswahl stehen zwei Entscheidungsverfahren :

Verfahren 1 : Bei mehr als 5 Bauteilen 1. Qualität in der Stichprobe soll es Mischung A sein.
Verfahren 2 : Sind alle 10 Bauteile der Stichprobe von 1. Qualität, soll es Mischung A sein.

b. Berechnen Sie die Wahrscheinlichkeiten für die Fehler.
c. Bei einem α-Fehler entsteht ein Schaden von 100 €, bei einem β-Fehler einer von 1000 €. Im Mittel sollen beide Hypothesen gleich oft zutreffen. Untersuchen Sie, welcher Schaden im Mittel zu erwarten ist, wenn man sehr viele unbeschriftete Pakete testet.
d. Empfehlen Sie Firma Elektro Nix eine Entscheidungsregel und begründen Sie Ihre Empfehlung. Begründen Sie, welche Entscheidungsregel Sie als Käufer anwenden würden.

Lösungsskizzen zu a : Der α-Fehler entsteht, wenn ein Paket mit Mischung A als Mischung B fälschlicherweise eingestuft wird. Er ist schlecht für den Großhändler, der wider besseres Wissen bessere Ware billiger verkauft. Ein Kunde wird sich freuen, da er unerwartet bessere Ware erhält und weniger dafür bezahlt. Der β-Fehler entsteht, wenn ein Paket mit Mischung B als Mischung A fälschlicherweise eingestuft wird. Der Händler bekommt mehr Geld für die schlechtere Ware, ohne dass er weiß, dass es schlechtere Ware ist. Er muss aber auch mit Reklamationen rechnen. Ein Kunde ärgert sich, da er schlechtere Ware teurer bezahlt.

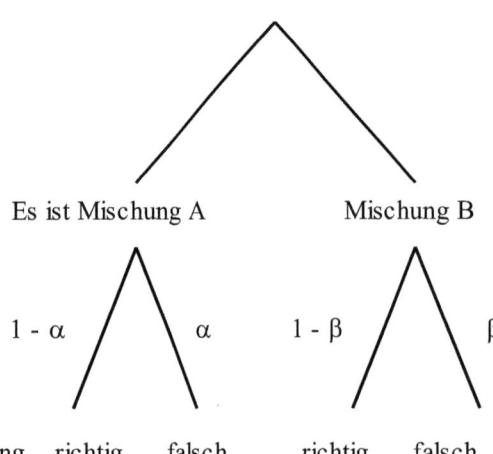

H_0 : 1. Qualität hat den Anteil 60 %
H_1 : 1. Qualität hat den Anteil 40 %

b : Entscheidungsverfahren 1 :
Falls tatsächlich vorwiegend 1. Qualität vorliegt, treffen wir eine Fehlentscheidung, falls wir weniger als 6 Stücke 1. Qualität finden. Es gilt (p = 0,6, X : Zahl der Werkstücke mit 1. Qualität) :
$P(X \leq 5) = 0{,}36690 = \alpha$.
Falls es tatsächlich vorwiegend 2. Qualität ist, treffen wir eine Fehlentscheidung, falls wir mindestens 6 Stücke mit
1. Qualität finden. Es gilt mit p = 0,4 : $P(X \geq 6) = 1 - P(X \leq 5) = 1 - 0{,}83376 = 0{,}16624 = \beta$.
Entscheidungsverfahren 2 : p = 0,6 : $\alpha = P(X \leq 9) = 0{,}99395$;
p = 0,4 : $\beta = P(X = 10) = 0{,}00010$

c : Y : Reklamationskosten in € $E_1(Y) = \dfrac{0{,}3669 \cdot 100 + 0{,}16624 \cdot 1000}{2} = \dfrac{202{,}93}{2} \approx 101{,}47$

$$E_2(Y) = \frac{0{,}99395 \cdot 100 + 0{,}0001 \cdot 1000}{2} = \frac{99{,}495}{2} \approx 49{,}75$$

Empfehlung für den Großhändler oder Begründung vom Käufer aus gesehen über den Vergleich der Erwartungswerte oder der beiden Fehler.

Aufgabe 11 : Ein Würfel soll auf Laplace-Eigenschaft getestet werden. Die Laplace-Eigenschaft soll ihm abgesprochen werden, wenn bei 600 maligem Würfeln die Anzahl der „6" außerhalb einer 2σ-Umgebung um den Erwartungswert liegt. Bestimmen Sie auf mindestens zwei Arten die maximale Wahrscheinlichkeit, einen Laplace-Würfel irrtümlich für einen Nicht-Laplace-Würfel zu halten und nehmen Sie zu den unterschiedlichen Ergebnissen Stellung.

Lösungsskizzen : X : Zahl der Versuche mit Ergebnis „6"

Es ist : $p = \frac{1}{6}$, n = 600, μ = E(X) = 100, V(X) = 83,3333, σ(X) = 9,1287, 2σ(X) = 18,2574

Für eine 2σ-Umgebung um E(X) gilt : 81 < X < 119

Lösung A : $P(X \leq 81 \vee X \geq 119) \approx 0{,}0426$ (CAS-Rechner)

Lösung B : $P_{max} \approx 0{,}045$ (σ-Regeln)

Lösung C : $P(|X - E(X)| \geq 2\sigma) \leq \frac{\sigma^2}{4\sigma^2} = 0{,}25$ (Tschebyschow)

Lösung A ist exakt. Lösung C ist sehr ungenau, weil die Tschebyschow-Ungleichung für alle Verteilungen gilt. Die σ-Regeln gelten exakt nur für normalverteilte Größen, werden näherungsweise auch für binomialverteilte Größen benutzt.

Aufgabe 12 : Im Friseursalon „Figaro" sei X Maßzahl für die Verweildauer einer Kundin oder eines Kunden in Stunden. Für die Dichtefunktion h macht „Lockenartist" Figaro folgende

Modellannahme : $h : x \rightarrow \begin{cases} 0 & x \leq 0 \\ -\frac{2}{9} \cdot x^2 + \frac{2}{3} \cdot x & 0 \leq x \leq 3 \\ 0 & x > 3 \end{cases}$

a. Zeigen Sie, dass h eine Dichtefunktion ist.
b. Untersuchen Sie für drei selbst gewählte Zeitspannen, wie viel Prozent des Hairstylings nach diesen Verweildauern beendet sind.
c. Charakterisieren Sie die Verteilungsfunktion H und die Dichtefunktion h an der Stelle x = 1,5 so genau wie möglich im Sinne der Analysis und der Stochastik.

Lösungsskizzen zu a :

Es ist zu zeigen : 1. $h(x) \geq 0$ für alle $x \in \mathbb{R}$ und 2. $\int_{-\infty}^{\infty} h(x)\,dx = 1$.

Zu 1 : Für $0 \leq x \leq 3$ folgt : $-\frac{2}{9}x^2 + \frac{2}{3}x \geq 0 \Leftrightarrow -2x^2 + 6x \geq 0 \Leftrightarrow 2x \cdot [-x+3] \geq 0$

$\Leftrightarrow (x \geq 0 \wedge -x+3 \geq 0) \vee (x \leq 0 \wedge -x+3 \leq 0) \Leftrightarrow x \geq 0 \wedge x \leq 3$

zu 2 : $\int_{-\infty}^{\infty} h(x)\,dx = \int_0^3 (-\frac{2}{9}x^2 + \frac{2}{3}x)\,dx = \left[-\frac{2}{27}x^3 + \frac{1}{3}x^2\right]_0^3 = [-2 + 3 - 0] = 1.$

Also ist h eine Dichtefunktion.

Lösungsskizzen zu b :

x=1 : $P(X \leq 1) = \int_0^1 (-\frac{2}{9}x^2 + \frac{2}{3}x)\,dx = \left[-\frac{2}{27}x^3 + \frac{1}{3}x^2\right]_0^1 = \left[-\frac{2}{27} + \frac{1}{3}\right] = \frac{7}{27} \approx 0{,}259$

$$x=2 : P(X \leq 2) = \int_0^2 (-\frac{2}{9}x^2 + \frac{2}{3}x)\,dx = \left[-\frac{2}{27}x^3 + \frac{1}{3}x^2\right]_0^2 = \left[-\frac{16}{27} + \frac{4}{3}\right] = \frac{20}{27} \approx 0{,}740$$

$$x=1{,}5 : P(X \leq 1{,}5) = \int_0^{1,5} (-\frac{2}{9}x^2 + \frac{2}{3}x)\,dx = \left[-\frac{2}{27}x^3 + \frac{1}{3}x^2\right]_0^{1,5} = \left[-\frac{1}{4} + \frac{3}{4}\right] = \frac{2}{4} = 0{,}5$$

Lösungsskizzen zu c : H(1,5) = 0,5 ⇒ P(X ≤ 1,5) = 0,5. 50 % der Besuche dauern höchstens 1,5 Stunden. h hat bei x = 1,5 ein absolutes Maximum. Begründung : h(x) ≥ 0 für alle x ∈ ℝ. x = 0 und x = 3 sind Nullstellen von h. An diesen Stellen liegen Randminima des Graphen von h. Der Graph von h ist für alle x mit x ∈ [0;3] eine nach unten geöffnete Parabel. Der Scheitelpunkt liegt aus Symmetriegründen „in der Mitte" bei x = 1,5. Er ist der höchste Punkt des Graphen von h. Die Wahrscheinlichkeitsdichte ist an der Stelle x = 1,5 am größten.

Die Verteilungsfunktion H hat an der Stelle x = 1,5 eine Stelle größter Steigung, eine Wendestelle. H hat bei x = 1,5 ihren größten Zuwachs. 1,5 Stunden beträgt die wahrscheinlichste Verweildauer im Salon.

Aufgabe 13 : Im Eisschnelllauf bestanden vor Jahren folgende Weltrekorde :

Strecke x in m	500	1000	1500	5000	10000	35246
Zeit t in s	36,57	75,58	113,22	411,17	858,00	3600

a. Herr Regressio behauptet : Eine Potenzfunktion f : x → t mit t = a·x^n beschreibt den Zusammenhang besser als eine lineare Funktion g : x → t mit t = m·x + b. Nehmen Sie dazu ausführlich Stellung !

b. Untersuchen Sie, für welche Laufstrecken Sie am besten den Unterschied und die Anwendbarkeit der beiden Modelle deutlich machen können.

Lösungsskizzen zu a : Anschaulich ist klar, dass ein Lauf über 5 000 m nicht als hintereinander ausführen von 50 einzelnen Läufen von jeweils 100 m Länge aufgefasst werden kann, die benötigte Zeit ist größer als die 50-fache Zeit eines 100 m Laufs. Entsprechendes gilt auch für andere Strecken. Überträgt man dies in ein x-t-Koordinatensystem, erwartet man eine linksgekrümmte Kurve durch den Koordinatenursprung. Der erwartete Graph (wie auch der Graph der Messwerte) entspricht eher dem einer Potenzfunktion vom Typ f, weniger dem einer linearen Funktion vom Typ g.

Trägt man die Logarithmen der beiden Messwerte in ein Koordinatensystem ein, erhält man als Graphen fast eine Gerade. Diese Beobachtung spricht für eine Potenzfunktion vom Typ f. Es gilt ln t = ln(a·x^n) = n·ln x + ln a. Die Steigung m der Geraden ist gleich dem Exponenten n, der y-Achsenabschnitt b gleich ln a, also m = n ∧ a = e^b.

Nach einer Regressionsrechnung erhält man :

Modell	Funktionsgleichung	Korrelationskoeffizient r	r^2
lineare Funktion	t = 0,103·x - 65,5	0,999025	0,998050
Potenzfunktion	t = 0,0445·$x^{1,0753}$	0,999817	0,999634

Der größere Korrelationskoeffizient spricht dafür, dass eine Potenzfunktion vom Typ f besser als eine lineare Funktion vom Typ g zur Prognose geeignet ist.

Lösungsskizzen zu b :

Strecke x in m	gemessene Zeit t in s	Prognosewert Potenzfunktion	Prognosewert lineare Funktion
500	36,57	35,50	-13,97
1 000	72,58	74,79	37,56
10 000	858,00	888,49	965,10
35 246	3600,00	3 447,00	3566,96

Erfahrungsgemäß sind an den Rändern der Messtabelle die größten Abweichungen zwischen den Prognosen der theoretisch ermittelten Funktionen und den Werten der Messtabelle zu erwarten, und erst recht auch zwischen den einzelnen Modellen, in unserem Beispiel für sehr kurze und für sehr lange Strecken. Man könnte auch noch die prozentualen Abweichungen der Prognosewerte von den Messwerten ausrechnen. Diese Stichprobe, erst recht das Plotten der beiden Graphen und der Messwerte zeigt : Für kleine Strecken ist das lineare Modell nicht brauchbar; hier werden negative Zeiten vorhergesagt. Für die längste Strecke ist die Vorhersage im linearen Modell zwar etwas besser als im Modell der Potenzfunktion, das aber ansonsten bessere Vorhersagen liefert.

Aufgabe 14 : Zwei Fabrikanten bieten Waschmittel an. Fabrikant Dasch stellt Arimat (A, Marktanteil 60 %) her, Fabrikant Wasch produziert Omil (O). Fabrikant Dasch plant die Einführung eines weiteren Waschmittels R (Riesil). Die Untersuchungen eines Marktforschungsinstituts haben ergeben, dass die Verbraucher nach folgender Übergangsmatrix bei jedem Kauf wechseln werden : $B = \begin{pmatrix} 0{,}8 & 0{,}1 & 0{,}1 \\ 0{,}1 & 0{,}7 & 0{,}4 \\ 0{,}1 & 0{,}2 & 0{,}5 \end{pmatrix}$ (AOR).

a. Untersuchen Sie, wie sich der Riesil-Anteil bei den ersten Käufen nach Einführung von Riesil entwickelt.
b. Untersuchen Sie, ob Fabrikant Dasch seinen Marktanteil am Waschmittelmarkt durch die Einführung von Riesil langfristig erhöhen wird.
c. Berechnen Sie $B \cdot \begin{pmatrix} 0{,}5 & 1 & 0 \\ 0{,}5 & 0 & 0{,}5 \\ 0 & 0 & 0{,}5 \end{pmatrix}$ und interpretieren Sie das Ergebnis.

Lösungsskizzen :

a : 1. Kauf : $\begin{pmatrix} 0{,}8 & 0{,}1 & 0{,}1 \\ 0{,}1 & 0{,}7 & 0{,}4 \\ 0{,}1 & 0{,}2 & 0{,}5 \end{pmatrix} \cdot \begin{pmatrix} 0{,}6 \\ 0{,}4 \\ 0 \end{pmatrix} = \begin{pmatrix} 0{,}52 \\ 0{,}34 \\ 0{,}14 \end{pmatrix}$

2. Kauf : $\begin{pmatrix} 0{,}8 & 0{,}1 & 0{,}1 \\ 0{,}1 & 0{,}7 & 0{,}4 \\ 0{,}1 & 0{,}2 & 0{,}5 \end{pmatrix} \cdot \begin{pmatrix} 0{,}52 \\ 0{,}34 \\ 0{,}14 \end{pmatrix} = \begin{pmatrix} 0{,}464 \\ 0{,}346 \\ 0{,}190 \end{pmatrix}$

3. Kauf : $\begin{pmatrix} 0{,}8 & 0{,}1 & 0{,}1 \\ 0{,}1 & 0{,}7 & 0{,}4 \\ 0{,}1 & 0{,}2 & 0{,}5 \end{pmatrix} \cdot \begin{pmatrix} 0{,}464 \\ 0{,}346 \\ 0{,}190 \end{pmatrix} = \begin{pmatrix} 0{,}4248 \\ 0{,}3646 \\ 0{,}2106 \end{pmatrix}$

4. Kauf : $\begin{pmatrix} 0,8 & 0,1 & 0,1 \\ 0,1 & 0,7 & 0,4 \\ 0,1 & 0,2 & 0,5 \end{pmatrix} \cdot \begin{pmatrix} 0,4248 \\ 0,3646 \\ 0,2106 \end{pmatrix} = \begin{pmatrix} 0,39736 \\ 0,38194 \\ 0,22070 \end{pmatrix}$

b : Gibt es einen Fixvektor $\vec{x} = \begin{pmatrix} x_1 \\ x_2 \\ x_3 \end{pmatrix}$, $x_1 + x_2 + x_3 = 1$, mit der Eigenschaft $B \cdot \vec{x} = \vec{x}$?

$\begin{pmatrix} 0,8 & 0,1 & 0,1 \\ 0,1 & 0,7 & 0,4 \\ 0,1 & 0,2 & 0,5 \end{pmatrix} \cdot \begin{pmatrix} x_1 \\ x_2 \\ x_3 \end{pmatrix} = \begin{pmatrix} x_1 \\ x_2 \\ x_3 \end{pmatrix} \Rightarrow x_1 = \frac{7}{21} = \frac{1}{3} \land x_2 = \frac{9}{21} = \frac{3}{7} \land x_3 = \frac{5}{21}.$

Mit $\frac{12}{21} \approx 0,57$ als langfristigem Anteil für Arimat und Riesil zusammen würde Fabrikant Dasch etwas an Markanteilen verlieren.

c : $\begin{pmatrix} 0,8 & 0,1 & 0,1 \\ 0,1 & 0,7 & 0,4 \\ 0,1 & 0,2 & 0,5 \end{pmatrix} \cdot \begin{pmatrix} 0,5 & 1 & 0 \\ 0,5 & 0 & 0,5 \\ 0 & 0 & 0,5 \end{pmatrix} = \begin{pmatrix} 0,45 & 0,8 & 0,10 \\ 0,40 & 0,1 & 0,55 \\ 0,15 & 0,1 & 0,35 \end{pmatrix}$

Es sind drei Informationen enthalten, die man so interpretieren kann :
- Wird gleich viel Arimat wie Omil und nichts an Riesil verkauft (1. Spalte der 2. Matrix), kaufen beim nächsten Kauf 45 % Arimat, 40 % Omil und 15 % Riesil.
- Wird nur Arimat gekauft (2. Spalte der 2. Matrix), haben wir beim nächsten Kauf folgende Verteilung : 80 % kaufen Arimat, je 10 % Omil und Riesil.
- Wird gleich viel Omil und Riesil und nichts von Arimat verkauft (3. Spalte der 2. Matrix), dann wird beim nächsten Kauf 10 % Arimat, 55 % Omil und 35 % Riesil.

In allen Fällen setzen wir voraus, dass das Wechseln im Kaufverhalten immer gleichbleibt, also immer durch die gleiche Matrix beschrieben werden kann.

Wie man diese Aufgabe mit einem Taschencomputer löst, wird in Wirths (2019a) dargestellt.

Aufgabe 15 : Eine Krankheit kommt in der Bevölkerung mit der Wahrscheinlichkeit $p_a = 0,01$ vor. Mit einem medizinischen Test (T-Test) lässt sich diese Krankheit bei einem tatsächlich erkrankten mit der Wahrscheinlichkeit $p_k = 0,9$ erkennen. Leider zeigt der Test bei nicht erkrankten Personen mit der Wahrscheinlichkeit $p_s = 0,1$ eine Erkrankung an.
a. Stellen Sie alle Möglichkeiten mit den zu erwartenden Anzahlen als natürliche Zahlen dar.
b. Das Nachrichtenmagazin „Brennpunkt" zitiert aus einer bisher geheimen Studie des Bundesgesundheitsministeriums : „Jeder einzelne T-Test kostet 10 €. Ein neuer T_1-Test kostet 50 € pro Durchführung. Für diesen Test sind die Wahrscheinlichkeiten $p_k = 0,95$ und $p_s = 0,01$. Im Ministerium überlegt man folgende Möglichkeiten :
  A. Es wird bei allen Untersuchungen nur der T_1-Test durchgeführt.
  B. Zuerst wird der T-Test durchgeführt. Bei allen Personen, bei denen der T-Test auf eine mögliche Erkrankung hinweist, wird ein zweiter Test, der T_1-Test, durchgeführt."
Vergleichen Sie im mathematischen Modell, welche Vor- und welche Nachteile beide Möglichkeiten haben und begründen Sie, welche der beiden Möglichkeiten Sie empfehlen.
c. Der Arzt sagt : „Der Test ist positiv ausgefallen, es könnte eine Erkrankung vorliegen." P(E) sei die Wahrscheinlichkeit, dass die Person tatsächlich erkrankt ist, falls der Test positiv ausfällt. Zeigen Sie, dass für P(E) gilt : $P(E) = \dfrac{p_a \cdot p_k}{p_a \cdot (p_k - p_s) + p_s}$

d. Der „Brennpunkt" schreibt : „Wir können alle bisherigen Rechnungen vergessen. Wir dürfen uns nicht am Anteil der Erkrankten in der Bevölkerung orientieren. Wir müssen mit dem Anteil der Erkrankten unter denen, die untersucht werden, rechnen. Nach neuesten Erkenntnissen beträgt dieser Anteil 30 %."
Würden Sie eine andere Empfehlung als in Aufgabe b geben, wenn Sie Ihren Überlegungen $p_a = 0{,}3$ zugrunde legen ? Begründen Sie Ihre Antwort.

e. Begründen Sie, welchen der beiden Parameter (p_k, p_s) Sie vorrangig verändern würden. Untersuchen Sie, ob und wie sich P(E) ändert, wenn sich dieser Parameter ändert, der andere konstant bleibt und p_a als Scharparameter gewählt wird.

Lösungsskizzen zu a :
Ein 2-stufiges Baumdiagramm, das wir uns auch denken können, führt zur Vierfeldertafel :

	Erkrankt	nicht erkrankt	Summe
Test positive	900	9 900	10 800
Test negative	100	89 100	89 200
Summe	1 000	99 000	100 000

Lösungsskizzen zu b : Möglichkeit A : Kosten für alle Untersuchungen 5 000 000 € = 100 000·50 €. P(E) ≈ 0,489. 50 Erkrankte werden nicht erkannt. Es gibt 990 Fehlalarme, die man im konkreten Einzelfall jedoch nicht kennt.
Möglichkeit B : Kosten für alle Untersuchungen 1 540 000 € = 100 000·10 € + 10 800·50 €. P(E) ≈ 0,896. 145 Erkrankte werden nicht erkannt, 9 900 zweite Untersuchungen sind überflüssig. Am Ende 99 Fehlalarme.
Entscheidung je nach Bewertung der Kosten, von P(E) oder der beiden Fehlermöglichkeiten.

Lösungsskizzen zu c : Herleitung am (tatsächlich gezeichneten oder gedachten) Baumdiagramm : Die Wahrscheinlichkeit, dass eine Person erkrankt ist und der Test ein positives Ergebnis hat, ist $p_a \cdot p_k$. Die Wahrscheinlichkeit, dass der Test eine Erkrankung als möglich erscheinen lässt, ist $p_a \cdot p_k + (1 - p_a) \cdot p_s = p_a \cdot p_k + p_s - p_a \cdot p_s = p_a \cdot (p_k - p_s) + p_s$. P(E) ist der Quotient dieser beiden Wahrscheinlichkeiten.

Lösungsskizzen zu d : Modell A : Kosten für alle Untersuchungen 5 000 000 € wie oben. P(E) ≈ 0,976. 1 500 nicht erkannte Erkrankungen, 700 Fehlalarme.
Modell B : Kosten für alle Untersuchungen 2 700 000 € = 100 000·10 € + 34 000·50 €. P(E) ≈ 0,997. 4 350 nicht erkannte Erkrankungen. Zuerst 7000 Fehlalarme, am Ende nur noch 70.
Entscheidung je nach Bewertung der Kosten, von P(E) oder der beiden Fehlermöglichkeiten.

Lösungsskizzen zu e :Wir wählen einen der beiden Parameter als Variable und p_a als Scharparameter.
Fall 1 : x = p_k : rationale Funktion mit Zähler und Nenner als ganz-rationale Funktion 1. Grades; Rechtskurven durch den Ursprung, je größer p_k, desto größer P(E); je größer p_a, desto größer P(E); Für $p_k \to 1$ strebt P(E) einem Grenzwert kleiner als 1 (!) entgegen.
Fall 2 : x = p_s : rationale Funktion mit reellem Zähler und Nenner als ganz-rationale Funktion 1. Grades, Linkskurven durch (0 | 1); je größer p_s, desto kleiner P(E); je größer p_a, desto größer P(E); P(E) im Grenzfall ($p_s \to 0$) 1.

Ein besonders heikler Fall stellt das „Testen von Hypothesen" dar. In der Regel wird hier das klassische Testen in Prüfungsaufgaben gefordert. Aber das kann bei Lernenden wegen seiner diffizilen Argumentationsstruktur auf harsche Kritik stoßen, vor allem, weil eine wichtige Frage nicht beantwortet wird, weil sie vom Testverfahren her nicht beantwortet werden kann, nämlich welche Wahrscheinlichkeit die getesteten Hypothesen haben. Hier stelle ich in bewährten Aufgaben Alternativen vor, in denen genau diese Frage beantwortet wird, Aufgaben, die auch im Grundniveau gestellt und erfolgreich bearbeitet werden können. Ich beschränke mich in diesem Falle auf den sogenannten „Alternativtest".

Aufgabe 16 : Martin wählt aus den beiden Zufallsgeräten Laplace-Würfel und langer U-Würfel eins aus. Er würfelt die Ergebnisse 5, 4, 3, 4, 4 in genau dieser Reihenfolge.
a. Welchen Würfel hat er gewählt ? Schreibe zuerst eine spontane Vermutung auf.
b. Untersuche, welchen Würfel er gewählt hat.
c. Untersuche, was sich an den Ergebnissen aus Aufgabe b ändert, wenn die Reihenfolge der Wurfergebnisse nicht bekannt ist, es also lediglich heißt : Es wurde einmal die „3", dreimal die „4" und einmal die „5" gewürfelt.

Für den langen U-Würfel wird folgende aus einer langen Versuchsreihe entwickelte Wahrscheinlichkeitsverteilung angenommen :

Ergebnis	1	2	3	4	5	6
Wahrscheinlichkeit	0,12	0,06	0,22	0,42	0,06	0,12

Lösungsskizzen zu a : Anke schreibt : Ganz spontan entscheide ich mich für den langen U-Würfel, weil für ihn die Ergebnisse „3" und „4" häufiger als beim L-Würfel auftreten.

Lösungsskizzen zu b : E bedeutet das Ereignis „Es wurde zuerst eine „5", dann eine „4", danach „3", dann „4" und zuletzt „4" gewürfelt. Ich stelle mir 77 760 solcher Versuche vor. Als neutraler Beobachter erwarte ich, dass Martin 38 880 Mal den L-Würfel (L) und 38 880 Mal den langen U-Würfel (U) nimmt. Das ist in der ersten Stufe des Baumdiagramms auf der nächsten Seite ausgedrückt.

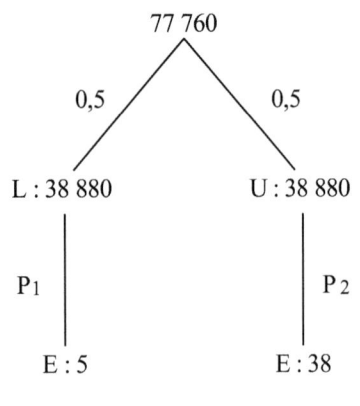

Die Wahrscheinlichkeit für die beobachtete Ergebnisfolge beträgt beim L-Würfel $P_1 = \left(\frac{1}{6}\right)^5 \approx 0{,}00013$. Bei 77 760 Versuchen ist das Ereignis 5 Mal zu erwarten. Beim langen U-Würfel ist die Wahrscheinlichkeit für die beobachtete Ergebnisfolge $P_2 = 0{,}06 \cdot 0{,}22 \cdot 0{,}42^3 \approx 0{,}00098$. Bei 77 760 Versuchen ist das 38 Mal zu erwarten. Das ist in der zweiten Stufe des Baumdiagramms dargestellt. Eingetreten ist das Ereignis E mit $P(E) = 0{,}5 \cdot \left(\frac{1}{6}\right)^5 + 0{,}5 \cdot 0{,}06 \cdot 0{,}22 \cdot 0{,}42^3 =$
$0{,}5 \cdot P_1 + 0{,}5 \cdot P_2 \approx 0{,}00055$. Der Anteil der Wahrscheinlichkeit, dass der L-Würfel benutzt wurde, an P(E) ist $\frac{0{,}5 \cdot P_1}{P(E)}$. Er beträgt $\frac{5}{38} \approx 0{,}12$, der Anteil der Wahrscheinlichkeit, dass der lange U-Würfel benutzt wurde, an P(E) ist $\frac{0{,}5 \cdot P_2}{P(E)}$. Er beträgt $\frac{38}{43} \approx 0{,}88$. Ich behalte jetzt meine spontane Vermutung bei, dass der lange U-Würfel benutzt wurde. Dafür spricht eine Wahrscheinlichkeit von rund 88 %.

Lösungsskizzen zu c : Es gibt 5 Möglichkeiten, das Ergebnis „3" zu erhalten. Es gibt 4 Möglichkeiten, „5" zu platzieren. Die Ergebnisse „4" passen an die restlichen Stellen. Also gibt es 5·4 = 20 Möglichkeiten für die von Martin angegebene Folge der Wurfergebnisse. Wir müssen also P_1, P_2 und P(E) mit 20 multiplizieren. Bei den Quotienten $\frac{0{,}5 \cdot P_1}{P(E)}$ und $\frac{0{,}5 \cdot P_2}{P(E)}$ kürzen sich der Faktor 20 und die Vorbewertung 0,5 weg, so dass sich an den Ergebnissen aus Aufgabe b nichts ändert.

Aufgabe 17 : Kai hat von seinem Onkel einen Würfel geerbt. Er weiß, dass alle Würfel seines Onkels bis auf einen L-Würfel waren. Nur einer ist gezinkt. Bei ihm kommt die „6" mit einer Wahrscheinlichkeit von 42 %. Leider sind die anderen Würfel verloren gegangen. Nun möchte Kai wissen, ob dies der gezinkte Würfel ist oder nicht.
a. Stelle einen Plan für einen klassischen Test auf und berechne für n = 18 die Wahrscheinlichkeiten für die möglichen Fehler.
b. Kai hat 18 Versuche gemacht und dabei 5 Mal die „6" gewürfelt. Untersuche, wie sich nach diesem Versuch sowohl im klassischen Test als auch nach Bayes die Situation darstellt.
c. Arbeitsauftrag wie in Aufgabe a, aber für n = 180.
d. Kai hat bei 180 Versuchen 50 Mal „6" gewürfelt. Arbeitsauftrag wie in Aufgabe b.

Lösungsskizzen zu a : Kai überlegt : Im Mittel werde ich bei 18 Versuchen 3 Mal die „6" beim

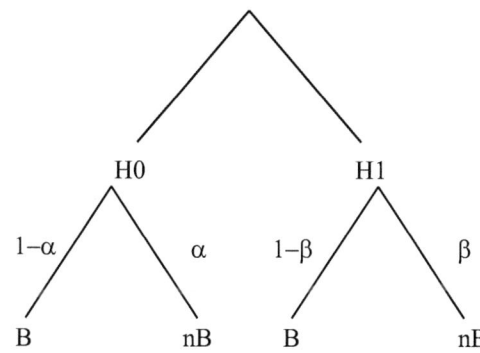

L-Würfel und 7 (exakt 7,56) Mal beim gezinkten Würfel erwarten. Ich versuche folgende Entscheidungsregel : „Kommt bei 18 Versuchen die „6" weniger als 6 Mal vor, liegt ein L-Würfel vor, andernfalls ist der Würfel gezinkt." Kai möchte die Wahrscheinlichkeit für Fehlentscheidungen so gering wie möglich halten. Der Gesamtfehler beim Alternativtest liegt irgendwo zwischen der Wahrscheinlichkeit für den α- und der des β-Fehlers. Es gilt (bitte nachrechnen !) :
$P(X \geq 6) \approx 0{,}065$ (α-Fehler) für $p = \frac{1}{6}$ und $P(X \leq 5)$
$\approx 0{,}163$ für p = 0,42 (β-Fehler). Im Baumdiagramm bedeuten : H_0 : Der Würfel ist ein Laplace-Würfel; H_1 : Der Würfel ist ein gezinkter Würfel mit p(„6") = 0,42. B : Die betreffende Hypothese wird beibehalten; nB : Die Hypothese wird nicht beibehalten, es wird die andere Hypothese als richtig angenommen.

Lösungsskizzen zu b : Im klassischen Fall wird Kai sich dafür entscheiden müssen, dass er einen L-Würfel hat. Die Testlogik ist verwirrend. Wenn er einen L-Würfel hat, was er nicht weiss, ist seine Entscheidung korrekt. Wenn aber der Würfel gezinkt ist, was er auch nicht weiss, hat er mit seiner Entscheidung einen Fehler gemacht. Seine Frage, welche der beiden Hypothesen zutrifft oder welche Wahrscheinlichkeiten beiden Hypothesen zugeordnet werden, kann mit dem klassischen Verfahren nicht beantwortet werden.

Kai interpretiert nun diesen Test nach Bayes : Als neutraler Beobachter erwarte ich, dass in der Hälfte der Fälle ein L-Würfel (L) und in der Hälfte der Fälle ein gezinkter Würfel (Z) vorliegt. Das wurde in der ersten Stufe des auf der nächsten Seite abgedruckten Baumdiagramms ausgedrückt. Es gilt für jeweils einen Weg im Baumdiagramm (bitte nachrechnen !) :

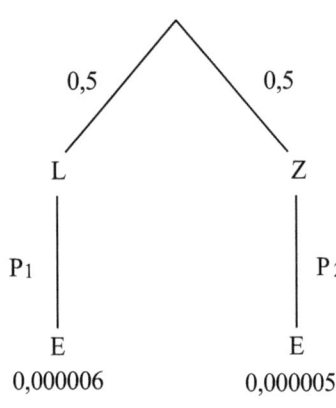

$P_1 = 1{,}2 \cdot 10^{-5}$, $P_2 = 1{,}1 \cdot 10^{-5}$. Die beiden Pfadwahrscheinlichkeiten $0{,}5 \cdot P_1$ und $0{,}5 \cdot P_2$ wurden am Ende der beiden Pfade angegeben. Es ist ein Ereignis E eingetreten mit $P(E) = 0{,}5 \cdot P_1 + 0{,}5 \cdot P_2 \approx 2{,}3 \cdot 10^{-5}$. Der Anteil der Wahrscheinlichkeit, dass der L-Würfel vorliegt, an P(E) beträgt ca. 52 %, der Anteil der Wahrscheinlichkeit, dass der Würfel gezinkt ist, an P(E) ist rund 48 %. Eine klare Entscheidung ist hier nicht möglich; denn Kai kann genau so gut eine L-Münze (so er eine kennt !) entscheiden lassen, welcher Hypothese er sein Vertrauen schenken soll.

Lösungsskizzen zu c : Kai formuliert als Entscheidungsregel : „Würfle ich weniger als 41 Mal „6", habe ich einen L-Würfel, sonst handelt es sich um einen gezinkten Würfel." Es ist : $40 = \mu + 2 \cdot \sigma$, $P(X \geq 41) \approx 0{,}02$ (α-Fehler) für $p = \frac{1}{6}$, $P(X \leq 40) \approx 1{,}9 \cdot 10^{-8}$ für $p = 0{,}42$ (β-Fehler).

Lösungsskizzen zu d : Es gilt : $P_1 \approx 3{,}1 \cdot 10^{-50}$ und $P_2 \approx 1{,}3 \cdot 10^{-50}$. Nun beträgt der Anteil der Wahrscheinlichkeit, dass der L-Würfel vorliegt, an P(E) ca. 71 %, der Anteil der Wahrscheinlichkeit, dass der Würfel gezinkt ist, an P(E) ist rund 29 %. Kai kann sich jetzt dafür entscheiden, dass der Würfel gezinkt ist. Die Fehler-Wahrscheinlichkeit ist mit ca. 29 % jedoch noch recht hoch.

Für weitere Informationen sei auf das Kapitel „Vom Rückwärtsschließen im Baumdiagramm zum Testen von Hypothesen" (in Wirths (2019)) verwiesen.

1.2.2 Aufgaben für das Leistungsniveau

Aufgabe 1 : Von einem Flugmotorentyp ist bekannt, dass er mit der Wahrscheinlichkeit p während eines Fluges versagt. Ein Flugzeug gilt als flugfähig, wenn mindestens die Hälfte der Motoren arbeitet.

a. Zeigen Sie, dass ein zweimotoriges Flugzeug mit $P_2 = 2p - p^2$ und ein viermotoriges Flugzeug mit $P_4 = (1-p)^2 \cdot (1 + 2p + 3p^2)$ flugfähig ist.

b. Zeigen Sie, dass gilt : $P_2 - P_4 = (1-p) \cdot p^2 \cdot (3p - 1)$.

c. Bei welchen Wahrscheinlichkeiten p fliegt man mit einer zweimotorigen Maschine sicherer, bei welchen mit einer viermotorigen ?

Lösungsskizzen zu a : zweimotorig : flugfähig, wenn mindestens 1 Motor arbeitet.
$P_2 = (1-p)^2 + 2 \cdot p \cdot (1-p) = 1 - 2p + p^2 + 2p - 2p^2 = 1 - p^2$
viermotorig : flugfähig, wenn mindestens 2 Motoren arbeiten
$= (1-p)^2 \cdot [1 - 2p + p^2 + 4p - 4p^2 + 6p^2] = (1-p)^2 \cdot [1 + 2p + 3p^2]$

Lösungsskizzen zu b : $P_2 - P_4 = 1 - p^2 - (1-p)^2 \cdot [1 + 2p + 3p^2] =$
$(1-p) \cdot [1 + p - (1-p) \cdot (1 + 2p + 3p^2)] = (1-p) \cdot (1 + p - 1 - 2p - 3p^2 + p + 2p^2 + 3p^3) =$
$(1-p) \cdot (-p^2 + 3p^3) = (1-p) \cdot p^2 \cdot (3p-1)$

Lösungsskizzen zu c : Man fliegt in einer zweimotorigen sicherer bedeutet :
$P_2 - P_4 > 0 \;\Leftrightarrow\; (1-p) \cdot p^2 \cdot (3p-1) > 0 \;\Leftrightarrow\; 1 > p \wedge 3p > 1 \;\Leftrightarrow\; 1 > p > \frac{1}{3}$

Man fliegt in einer viermotorigen sicherer bedeutet :

$P_2 - P_4 < 0 \Leftrightarrow (1-p) \cdot p^2 \cdot (3p-1) < 0 \Leftrightarrow 1 > p \wedge 3p < 1 \Leftrightarrow p < \frac{1}{3}$

Aufgabe 2 : Ein Ehepaar will Familienplanung nach einer der beiden Strategien betreiben :
Strategie 1 : Wir bekommen solange Kinder, bis ein Junge geboren wird. (Stammhalter)
Strategie 2 : Wir bekommen solange Kinder, bis unter den Kindern mindestens ein Junge und mindestens ein Mädchen ist. (Pärchenstrategie)
Mehr als 5 Kinder will das Ehepaar nicht haben. Wir nehmen an, dass keine Mehrfachgeburten vorkommen, die Wahrscheinlichkeit für eine Jungengeburt immer 0,5 ist und alle Wünsche nach einem Kind realisiert werden können.

a. Berechnen Sie für Strategie 1 die mittlere Anzahl an Kindern pro Familie.
b. wie a. für Strategie 2.
c. „Der Wunsch nach einem Sohn ist der Vater vieler Töchter.", sagt der Volksmund. Vergleichen Sie die mittlere Anzahl der Jungen mit der mittleren Anzahl Mädchen in der Kindergeneration, wenn alle Eltern Familienplanung nach Strategie 1 machen.
d. wie c. für Strategie 2.
e. Wenn alle Menschen auf der Erde nach einer der beiden Strategien handeln würden, wie steht es um den Fortbestand der Menschheit ? Machen Sie Aussagen über die Bevölkerungsentwicklung bei beiden Strategien und begründen Sie Ihre Aussagen.

Lösungsskizzen zu a :
K : Zahl der Kinder; J : Zahl der Jungen; M : Zahl der Mädchen pro Familie. Es gilt :

K	1	2	3	4	5	E(K)
P(K = i)	0,5	$0,5^2 = 0,25$	$0,5^3 = 0,125$	$0,5^4 = 0,0625$	$2 \cdot 0,5^5 = 0,0625$	$\frac{31}{16}$

Lösungsskizzen zu b : Anhand eines Baumdiagramms folgt :

K	2	3	4	5	E(K)
P(K = i)	$2 \cdot 0,5^2 = 0,5$	$2 \cdot 0,5^3 = 0,25$	$2 \cdot 0,5^4 = 0,125$	$4 \cdot 0,5^5 = 0,125$	$\frac{23}{8}$

Lösungsskizzen zu c : Aust dem Baumdiagramm aus a folgt : $P(J = 0) = \frac{1}{32}$, $P(J = 1) = \frac{31}{32}$
Daraus folgt : $E(J) = \frac{31}{32}$. In Zusammenhang mit $E(K) = \frac{31}{16}$ folgt $E(M) = \frac{31}{32}$.
In der nächsten Generation erwarten wir im Mittel gleich viele Mädchen wie Jungen.

Lösungsskizzen zu d : Aus dem bezüglich J und M symmetrischen Baumdiagramm aus Teil b folgt : In der nächsten Generation erwarten wir im Mittel gleich viele Mädchen wie Jungen.

Lösungsskizzen zu e : Stammhalterstrategie : Die Menschheit wird langsam aber sicher aussterben, da jedes Elternpaar in der folgenden Generation im Mittel nur 1,9375 Kinder hat.
Pärchenstrategie : Die Zahl der Menschen wird (exponentiell) anwachsen, da auf die Eltern in der folgenden Generation im Mittel 2,875 Kinder folgen.

Aufgabe 3 :
a. Untersuchen Sie für p, k und n, für welche k ≤ n die Wahrscheinlichkeiten P(X = k) einer Binomialverteilung (n und p fest) streng monoton wachsen und für welche sie streng monoton fallen. Machen Sie eine Aussage über die Lage der maximalen Wahrscheinlichkeit.

b. Nach den Erfahrungen der Polizei halten sich 20 % der Autofahrer auf einem Autobahnabschnitt nicht an die vorgeschriebene Höchstgeschwindigkeit. Wie viele Übertretungen wird sie am häufigsten erwarten können, wenn sie jeweils in Blöcken von
b_1. n = 500 oder b_2. n = 504 Fahrzeugen kontrolliert ?

Lösungsskizzen zu a :

Für welche k ist diese Folge streng monoton steigend, also B(n, p, k - 1) < B(n, p, k) ?

B(n, p, k - 1) < B(n, p, k) $\Leftrightarrow$ $\frac{B(n,p,k)}{B(n,p,k-1)} > 1$, also $\frac{(n-k+1)\cdot p}{k\cdot q} > 1$ $\Leftrightarrow$
(n - k + 1)·p > kq $\Leftrightarrow$ (n + 1)·p - k·p > k·q $\Leftrightarrow$ (n + 1)·p > k·p + k·q $\Leftrightarrow$
(n + 1)·p > k·(p + q) $\Leftrightarrow$ (n + 1)·p > k

Für alle k, die diese Ungleichung lösen, ist die Folge streng monoton wachsend.

Für welche l ist die Folge streng monoton fallend, d.h. B(n,p,l) > B(n,p,l+1) ?

B(n,p,l) > B(n,p,l+1) $\Leftrightarrow$ $\frac{B(n,p,l)}{B(n,p,l+1)} > 1$, also $\frac{(l+1)\cdot q}{(n-l)\cdot p} > 1$ $\Leftrightarrow$ (n-l)·p < (l+1)·q
$\Leftrightarrow$ n·p - l·p < l·q + q $\Leftrightarrow$ n·p - q < l·p + l·q $\Leftrightarrow$ n·p - q < l·(p + q) $\Leftrightarrow$ n·p - q < l

Für alle l, die diese Ungleichung lösen, ist die Folge streng monoton fallend.

Lösungsskizzen zu b : Mit n = 500 und p = 0,2 folgt : k < 100,2 $\wedge$ l > 99,2. Die Folge ist für k = 0,..., 100 streng monoton steigend, streng monoton fallend für l = 100, ..., 500. Am häufigsten ist also 100.

Mit n = 504, p = 0,2 folgt : k < 101 $\wedge$ l > 100. Die Folge ist für k = 0,..., 100 streng monoton steigend und streng monoton fallend für l = 101, ..., 500. Am häufigsten sind 100 und 101.

Aufgabe 4 :

Bei einem Glücksrad mit der Erfolgswahrscheinlichkeit p hat Bert bei 5 Versuchen 2 Erfolge.

a. Zeigen Sie, dass die Wahrscheinlichkeit, bei 5 Versuchen genau 2 Erfolge zu haben, berechnet werden kann durch W(p) = 10·p^2·(1 - p)^3 .

b. Untersuchen Sie mit Methoden der Analysis, für welche Wahrscheinlichkeit p die Funktion W : p $\to$ W(p) ein absolutes Maximum annimmt.

c. Zeigen Sie, dass, wenn die Wahrscheinlichkeiten B(5,p,k) für k = 2 maximal werden sollen, für die Erfolgswahrscheinlichkeiten p gelten muss : $\frac{1}{3} < p < \frac{1}{2}$.

d. Interpretieren Sie ihre Ergebnisse aus b und c. Welche Aussagen sind in b und c über das Aussehen der Histogramme für B(5,p,k) enthalten ?

Lösungsskizzen zu a X : Zahl der Erfolge

P(X = 2) = $\binom{5}{2}\cdot p^2 \cdot q^3$ = 10·p^2·(1 - p)^3, also W : p $\to$ W(p) = 10·p^2·(1 - p)^3

Lösungsskizzen zu b : W′(p) = 10·(2p·(1 - p)^3 + p^2·3·(1 - p)^2·(-1) =
10·(1 - p)^2·(2p·(1 - p) - 3p^2) = 10·(1 - p)^2·(2p - 5p^2) = 10·(1 - p)^2·p·(2 - 5p)

Nullstellen von W′ : p = 1 $\vee$ p = 0 $\vee$ p = 0,4 = $\frac{2}{5}$,

Absolutes Maximum bei p = 0,4, weil :
- W(p) > 0 für alle p $\in$ (0;1),
- W als ganz-rationale Funktion 5. Grades stetig ist,
- W′(p) bei p = 0,4 einen Vorzeichenwechsel von + nach - hat und
- W(0) = W(1) = 0 sowie W(0,4) = 0,3456 gilt.

Lösungsskizzen zu c : Wenn B(5;p;k) für k = 2 maximal sein soll, muss B(5;p;k) für $0 \leq k \leq 2$ streng monoton steigend und B(5;p;l) für $2 \leq l \leq 5$ streng monoton fallend sein. Setzen wir das größte k und das kleinste l, die die Ungleichung aus Aufgabe 1a lösen, in diese Ungleichung ein, erhalten wir die Ungleichungen : $2 < 6p \land 2 > 6p - 1 \Leftrightarrow p > \frac{1}{3} \land p < \frac{1}{2}$.

Lösungsskizzen zu d : Alle Histogramme von B(5;p;k) haben für $\frac{1}{3} < p < \frac{1}{2}$ den gleichen Verlauf : Die Graphen (Wahrscheinlichkeiten) steigen bis k = 2 und fallen dann. Das durch B(5;p;2) beschriebene Ereignis hat die größte Wahrscheinlichkeit unter den B(5;p;k). Die Wahrscheinlichkeit B(5;p;2) ist für p = 0,4 am größten.

Aufgabe 5 : Lehrer Lämpel stellt folgende Hausaufgabe :
Jeder Schüler soll 51 mal mit einer Münze werfen. Er soll nach jedem Wurf 0 für Wappen und 1 für Zahl schreiben. Lehrer Lämpel bestimmt bei der Hausaufgabenkontrolle : Jeder Schüler soll immer dann zwischen zwei aufeinander folgenden Ziffern einen Strich setzen, wenn die Ziffern verschieden sind. Wer weniger als 16 oder mehr als 34 Striche hat, bekommt folgenden Vermerk ins Hausheft : „Hausaufgaben nicht ordentlich gemacht !". Wir setzen voraus, dass alle Schüler die Hausaufgabe ordnungsgemäß gemacht haben und eine L-Münze benutzen.
a. X bezeichne die Anzahl der Striche. Begründen Sie, warum X binomialverteilt ist und berechnen die Wahrscheinlichkeit dafür, dass Lehrer Lämpels Urteil richtig ist.
b. Die Schulaufsicht überlegt : Wenn 100 Lehrer jedes Jahr in einer Klasse (jeweils 20 Schüler) nach Methode Lämpel verfahren, dann werden diese Lehrer nach 40 Jahren Tätigkeit im Mittel 528 Schüler zu Unrecht tadeln. Arbeiten Sie diese Argumentation ausführlich aus !
c. Untersuchen Sie, wie Lehrer Lämpel beim 51-maligen Würfeln mit einem L-Würfel verfahren muss, wenn die Irrtumswahrscheinlichkeit mindestens halb so groß wie die aus a. sein soll, aber nicht größer als die aus a. werden darf.

Lösungsskizzen zu a : Zwischen 51 Ziffern kann man maximal 50 Striche anbringen. Da eine Laplace-Münze benutzt wird, ist die Wahrscheinlichkeit, dass ein Strich zwischen zwei Ziffern angebracht wird, bei je-dem Mal 0,5. Es handelt sich also um eine Bernoulli-Kette der Länge 50 mit p = 0,5. Es gilt : $\sum_{i=1}^{15} B(50;0,5;i) = 0{,}0033$. Die Wahrscheinlichkeit, dass ein Schüler zu Unrecht getadelt wird, ist aber doppelt so groß (Symmetrie von B(50;0,5;i)), 0,0066, die Sicherheit der Methode beträgt 1 - 0,0066 = 0,9934. In mehr als 99 % aller Fälle ist das Urteil von Lehrer Lämpel richtig.

Lösungsskizzen zu b : Jeder Lehrer wendet diese Methode in 40 Jahren bei 800 Schülern an, 100 Lehrer wenden sie bei 80 000 Schülern. Im Mittel werden $\mu = 80\,000 \cdot 0{,}0066 = 528$ Schüler zu Unrecht getadelt.

Lösungsskizzen zu c : Es gilt für $B(50;\frac{1}{6};i)$: Tadel bei weniger als 2 oder mehr als 15 Strichen oder bei keinem Strich oder mehr als 14 Strichen.

Aufgabe 6 : Es ist bekannt, dass bei der Waschmaschine „Waschomat" Reparaturen wegen Materialfehler an den Bauelementen B_1, B_2 oder B_3 anfallen. Die Wahrscheinlichkeiten, dass die Elemente innerhalb eines Jahres nach Einbau ausgewechselt werden müssen, betragen :
$p(B_1) = 0{,}1$, $p(B_2) = 0{,}2$, $p(B_3) = 0{,}3$.
a. Geben Sie die Wahrscheinlichkeiten für alle Kombinationen von Bauelementen an unter der Annahme, dass alle Elemente höchstens einmal innerhalb eines Jahres ausfallen.

b. Die Firma bietet beim Kauf folgende Möglichkeiten an :
b_1. 1000 € und 1 Jahr Garantie.
b_2. Minderung des Kaufpreises von 1000 € um 5 %, dafür aber keine Garantie. Das Auswechseln defekter Elemente kostet den Käufer bei B_1 50 €, bei B_2 40 € und bei B_3 10 €. Arbeiten Sie für jedes der beiden Angebote konkrete, auf diese Aufgabe bezogene Gründe heraus, die für das Angebot, aber auch Gründe, die dagegensprechen.

Lösungsskizzen zu a : Mit Hilfe eines Baumdiagramms folgt :

Fehlerhaft	kein	B_1	B_2	B_3	B_1,B_2	B_1,B_3	B_2,B_3	Alle
Wahrscheinlichkeit	$\frac{504}{1000}$	$\frac{56}{1000}$	$\frac{126}{1000}$	$\frac{216}{1000}$	$\frac{14}{1000}$	$\frac{24}{1000}$	$\frac{54}{1000}$	$\frac{6}{1000}$

Lösungsskizzen zu b : b_1 :   Contra : Die Anschaffungskosten sind 50 € höher als bei b_2.
Pro : Innerhalb des ersten Jahres fallen keine Zusatzkosten an.
b_2 : Pro : Der Kaufpreis ist 50 € niedriger als bei Angebot b_1. Für die innerhalb eines Jahres im Mittel zu erwartenden Reparaturkosten X ist E(X) = 16 €.
Contra : Eine Reparatur von B_1 allein oder von B_2 und B_3 wiegt den Vorteil des günstigeren Einkaufspreises wieder auf, jede weitere Reparatur macht das Angebot ungünstiger. Die Wahrscheinlichkeit für die Reparatur wenigstens eines Geräts ist fast 0,5. Evtl. sollte man die Argumentation einschränken auf Reparaturen ab 50 €.

Aufgabe 7 : Wir erzeugen einen Zufallsregen auf das Einheitsquadrat mit den Ecken [0 | 0], [1 | 0], [1 | 1] und [0 | 1] : Wir wählen zufällig zwei Zahlen x, y aus dem Intervall [0,1] und zeichnen den Punkt (x | y) ins Einheitsquadrat ein. Untersuchen Sie, bei welcher der drei folgenden Flächen der Zufallsregen die größten Trefferchancen hat :

a. $x^2 + y^2 \leq 1$,   b. $x - x^2 \leq y$ oder   c. $\sqrt{x - x^2} \leq y$.

Lösungsskizzen zu a : Die Relation $x^2 + y^2 = 1$ beschreibt einen Viertelkreis mit Radius 1, dessen Mittelpunkt der Koordinatenursprung ist . Für die Wahrscheinlichkeit P gilt : P = $\frac{Fläche\ des\ Viertelkreises}{Fläche\ des\ Einheitsquadrats} = \frac{\pi}{4} \approx 0{,}79$.

Lösungsskizzen zu b : Die Relation $y = x - x^2$ beschreibt eine nach unten geöffnete Parabel mit Scheitelpunkt in $(\frac{1}{2} | \frac{1}{4})$ und Nullstellen bei x = 0 sowie x = 1. Also gilt für die Wahrscheinlichkeit P, oberhalb der Parabel aufzutreffen : P = Fläche des Einheitsquadrats - Fläche unterhalb der Parabel = $1 - \int_0^1 (-x^2 + x)\, dx = 1 - \left[-\frac{1}{3}x^3 + \frac{1}{2}x^2\right]_0^1 = 1 - (-\frac{1}{3} + \frac{1}{2}) = \frac{5}{6} \approx 0{,}83$.

Lösungsskizzen zu c : $\sqrt{x - x^2} \leq y \Rightarrow 0 \leq y^2 + x^2 - x \Leftrightarrow \frac{1}{4} \leq y^2 + (x - \frac{1}{2})^2$. Die Relation $y^2 + (x - \frac{1}{2})^2 = \frac{1}{4}$ beschreibt einen Halbkreis mit Radius $\frac{1}{2}$ und Mittelpunkt in $(0 | \frac{1}{2})$. Also gilt für die Wahrscheinlichkeit P, oberhalb des Halbkreises aufzutreffen : P = Fläche des Einheitsquadrats - Fläche des Halbkreises = $1 - \frac{\pi}{8} \approx 0{,}6$.

Bei der Fläche in Aufgabe b sind die Trefferchancen am größten.

Aufgabe 8 : Aus einer Umfrage über Bekanntheitsgrad und Nutzen eines neuen Medikaments wissen wir : 250 Personen haben schon Positives, 120 Negatives und 350 noch gar nichts von dem Medikament gehört. Von 120 Testpersonen sagen 27 : „Es nutzt viel", 80 erklären : „Es nutzt etwas" und 13 meinen : „Es nutzt gar nichts". In der Werbung behauptet der Hersteller : „Schon über die Hälfte der Bevölkerung kennt unser neues Medikament. Es ist nur in 10 % der Fälle wirkungslos".
a. Überprüfen Sie, ob diese Behauptungen gerechtfertigt sind.
b. Das Medikament sei in 10 % der Fälle wirkungslos. Untersuchen Sie, wie viele Personen man mindestens befragen muss, um mit einer gewissen Sicherheitswahrscheinlichkeit sagen zu können, dass der Anteil mit der Angabe „wirkungslos" zwischen 9 % und 11 % liegt.

Lösungsskizzen zu a : 1. Behauptung : „Mehr als die Hälfte kennt das Medikament." Gesucht sind die Erwartungswerte $\mu = n \cdot p$ aller Wahrscheinlichkeiten p, in deren 2σ-Umgebung die beobachtete Anzahl 370 liegt : $| 370 - 720 \cdot p | \leq 2 \cdot \sqrt{720 \cdot p \cdot (1-p)} \Rightarrow 0,47.. \leq p \leq 0,55..$
Das Stichprobenergebnis kann auch beobachtet werden, wenn weniger als die Hälfte der Befragten das Medikament kennen. Die zugehörige Sicherheitswahrscheinlichkeit wird für einige Wahrscheinlichkeiten in der folgenden Tabelle angegeben :

P	0,48	0,49	0,50	0,52	0,54	0,55
$P(|X-\mu| \leq 2\sigma)$	0,9561	0,9559	0,9518	0,9576	0,9565	0,9529

2. Behauptung : „Es ist nur in 10 % Fälle wirkungslos."
$| 13 - 120 \cdot p | \leq 2 \cdot \sqrt{120 \cdot p \cdot (1-p)} \Rightarrow 0,0637.. \leq p \leq 0,1782..$

Das Stichprobenergebnis erhält man auch, wenn das Medikament in mehr als 10 % der Fälle wirkungslos ist. Die zugehörige Sicherheitswahrscheinlichkeit wird für einige Wahrscheinlichkeiten in der folgenden Tabelle angegeben :

P	0,07	0,09	0,11	0,13	0,15	0,17
$P(|X-\mu| \leq 2\sigma)$	0,9502	0,9643	0,9607	0,9594	0,9463	0,9494

Lösungsskizzen zu b : X zählt die Zahl der Antworten „Das Medikament ist wirkungslos". Die zu erwartenden absoluten Häufigkeiten $n \cdot 0,09$ und $n \cdot 0,11$ sollen höchstens $2\sigma = 2 \cdot \sqrt{n \cdot p \cdot q}$ vom theoretischen Erwartungswert $E(X) = 0,1 \cdot n$ entfernt liegen :

$n \cdot 0,09 \leq n \cdot 0,1 - 2 \cdot \sigma \land n \cdot 0,1 + 2 \cdot \sigma \leq n \cdot 0,11 \iff 2 \cdot \sigma \leq 0,01 \cdot n \land 2 \cdot \sigma \leq 0,01 \cdot n \iff$
$2 \cdot \sigma - 0,01 \cdot n \leq 0 \iff \sqrt{n} \cdot (2 \cdot \sqrt{0,1 \cdot 0,9} - 0,01 \cdot \sqrt{n}) \leq 0 \iff$
$\sqrt{n} \geq 0 \land (2 \cdot 0,3 - 0,01 \cdot \sqrt{n}) \leq 0 \iff \sqrt{n} \geq 0 \land \sqrt{n} \geq \frac{2 \cdot 0,3}{0,01} \iff$
$\sqrt{n} \geq 200 \cdot 0,3 \Rightarrow n \geq 60^2 \iff n \geq 3600$ Für p = 0,1 und n = 3600 beträgt die Sicherheitswahrscheinlichkeit einer 2σ-Umgebung um μ : $P(324 \leq X \leq 396) \approx 0,9575$.

Aufgabe 9 : In einem See werden 120 markierte Fische ausgesetzt. Bei einem Fang beobachtet man 28 markierte Fische bei insgesamt 132 gefangenen.
a. Untersuchen Sie, wie viele Fische es wohl insgesamt in diesem Teich gibt.
b. Wir schätzen die Wahrscheinlichkeit p mit Hilfe der beobachteten relativen Häufigkeit ab. Formulieren Sie allgemein möglichst genau, wie die Ungenauigkeit einer solchen Schätzung von der Anzahl der Beobachtungen n und von der Sicherheitswahrscheinlichkeit abhängt.

Lösungsskizzen zu a : Wir schätzen die unbekannte Wahrscheinlichkeit p für den Anteil der Fische im Teich ab : Bei der <u>Punktschätzung</u> verwenden wir die beobachtete relative Häufigkeit als besten Schätzer für die Wahrscheinlichkeit p. Also p = $\frac{28}{132}$ ≈ 0,21. p beträgt also ca. 21 %.

Bei der <u>Intervallschätzung</u> setzen wir im Modell der Binomialverteilung an : Wir suchen alle Wahrscheinlichkeiten p, in deren 2σ-Umgebung die beobachtete relative Häufigkeit liegt :

$|\frac{28}{132} - p| \leq 2 \cdot \sqrt{\frac{p \cdot (1-p)}{132}}$ ⇒ $p^2 - 2 \cdot \frac{30}{136} \cdot p + \frac{28 \cdot 28}{132 \cdot 136} \leq 0$ ⇒ 0,15 ≤ p ≤ 0,29.

Im Konfidenzintervall für p liegen also alle Wahrscheinlichkeiten zwischen 15 % und 29 %. Die Sicherheitswahrscheinlichkeit P(|X - μ| ≤ 2σ) beträgt mit n = 132 für einige dieser p :

P	0,15	0,18	0,22	0,26	0,29
P(|X - μ| ≤ 2σ)	0,9629	0,9587	0,9548	0,9627	0,9561

Wir verwenden die ermittelten Schätzer für p zur Berechnung der Schätzer für die absoluten Anzahlen n der Fische im Teich : Punktschätzung : $\frac{28}{132} = \frac{120}{n}$ ⇒ n ≈ 566

Intervallschätzung : $\frac{1}{0,15} \geq \frac{n}{120} \geq \frac{1}{0,29}$ ⇒ 800 ≥ n ≥ 413

Lösungsskizzen zu b : Bei der t·σ-Strategie betrachten wir t·σ-Umgebungen um μ = n·p mit t > 0, die wir mit Hilfe der Ungleichung |k − n·p| ≤ t·σ beschreiben. Dividieren wir beide Seiten dieser Ungleichung durch n, dann erhalten wir : $|\frac{k}{n} - p| \leq t \cdot \frac{\sigma}{n}$. Die neue Ungleichung beschreibt die Abweichung der beobachteten relativen Häufigkeit $\frac{k}{n}$ von der zugrunde liegenden Wahrscheinlichkeit p. Wir betrachten die Breite $2 \cdot t \cdot \frac{\sigma}{n}$ dieses Intervalls als Maß für die Ungenauigkeit der Schätzung. Die Breite des Intervalls ist proportional zu $\frac{1}{\sqrt{n}}$ und proportional zu t. Die Abhängigkeit von der Sicherheitswahrscheinlichkeit ist kompliziert. Es gilt : Je größer t, desto größer die Sicherheitswahrscheinlichkeit. Dies ist jedoch keine proportionale Zuordnung, die Abhängigkeit kann allenfalls durch σ-Regeln grob beschrieben werden.

Aufgabe 10 : Axel stellt eine Leiter der Länge L nach Lust und Laune willkürlich ab. Die Spitze der Leiter berührt an der Wand einen zufällig gewählten Punkt in der Höhe h mit h ≤ L. X messe das Bogenmaß des Winkels zwischen der Leiter und dem Erdboden. x ∈ ℝ sei Variable für Winkel im Bogenmaß. Axel stellt sich folgende Eigenschaften für die zugehörige Verteilungsfunktion F vor :

(1) F(x) = 1 für x ≥ $\frac{\pi}{2}$, (2) F(x) = 0 für x ≤ 0 und

(3) F(x) ist proportional zu h für 0 < x < $\frac{\pi}{2}$.

a. Zeigen Sie : Die Funktion F mit F(x) = sin x für 0 < x < $\frac{\pi}{2}$, F(x) = 0 für x ≤ 0 und F(x) = 1 für x ≥ $\frac{\pi}{2}$ ist eine Verteilungsfunktion. Die drei Forderungen von Axel führen auf diese Verteilungsfunktion.

b. Die Leiter wird viele Jahre lang täglich mehrmals benutzt und abgestellt. Vergleichen Sie den Median und den arithmetischen Mittelwert aller Abstellwinkel.

c. Anke meint, dass das Modell von Axel nicht auf einen hohen Abstellraum, in dem die Leiter aufgestellt und nicht abgelegt wird, angewendet werden kann. Berechnen Sie wenigstens ein weiteres Lagemaß der Verteilung und nehmen Sie zu Ankes Behauptung Stellung. Stellen Sie dar, wie Sie das Abstellen der Leiter in einem hohen Raum als stochastischen Vorgang vornehmen würden, und entwickeln Sie ein dazu passendes Modell.

Lösungsskizzen zu a : F ist Verteilungsfunktion. Es ist $f(x) = F'(x) = \cos x$ für $0 < x < \frac{\pi}{2}$ und $f(x) = F'(x) = 0$ sonst. Noch zu zeigen : (a) $f(x) \geq 0$ für alle $x \in \mathbb{R}$ und (b) $\int_{-\infty}^{\infty} f(x)\,dx = 1$.

(a) ist erfüllt : $F'(x) > 0$ in $0 < x < \frac{\pi}{2}$ sowie $F'(x) = 0$ sonst.

(b) ist erfüllt : $\int_{-\infty}^{\infty} f(x)\,dx = \int_{0}^{\frac{\pi}{2}} \cos x\,dx = F(\frac{\pi}{2}) - F(0) = 1 - 0 = 1$.

Also ist F eine Verteilungsfunktion. Die 3 Forderungen von Axel führen zu F :

Forderungen (1) und (2) sind laut Definition von F erfüllt. Zu Forderung (3) für $0 < x < \frac{\pi}{2}$:

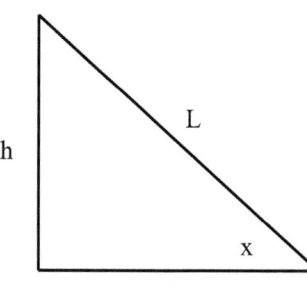

Laut Zeichnung ist $\frac{h}{L} = \sin x$. Nach Forderung (3) soll gelten $F(x) \sim h \Leftrightarrow F(x) = \text{const}\cdot h \Leftrightarrow F(x) = \text{const}\cdot L\cdot\sin x$. Für die zugehörige Dichtefunktion f gilt : $f(x) = F'(x) = \text{const}\cdot L\cdot\cos x$. Nach Bedingung (b) für Dichtefunktionen ist $\int_{0}^{\frac{\pi}{2}} \text{const}\cdot L\cdot\cos x\,dx = 1 \Rightarrow \text{const} = \frac{1}{L}$, also $F(x) = \frac{1}{L}\cdot L\cdot\sin x = \sin x$. Das war zu zeigen.

Lösungsskizzen zu b : Zum Mittelwert E(X) :

1. Möglichkeit zur Berechnung von E(X). Es gilt : $E(X) = \int_{0}^{\infty}(1-F(x))\,dx - \int_{-\infty}^{0}F(x)\,dx$. Hier konkret : $E(X) = \int_{0}^{\frac{\pi}{2}}(1-\sin x)\,dx = [x+\cos x]_{0}^{\frac{\pi}{2}} = \frac{\pi}{2} - 1$.

2. Möglichkeit zur Berechnung von E(X) mit partieller Integration. Es gilt allgemein :

$E(X) = \int_{-\infty}^{\infty} x\cdot f(x)\,dx$. Hier konkret : $E(X) = \int_{0}^{\frac{\pi}{2}} x\cdot\cos x\,dx = [x\cdot\sin x + \cos x]_{0}^{\frac{\pi}{2}} = \frac{\pi}{2}\cdot 1 + 0 - 0 - 1$

$= \frac{\pi}{2} - 1 \approx 0{,}570796$. Der Mittelwert aller Abstellwinkel beträgt also circa 32,7°.

Zum Median : Gesucht ist der Winkel x, für den $P(X \geq x) = P(X \leq x) = 0{,}5$ ist. Aus $\sin x = 0{,}5$ folgt $x = 0{,}5236$. Für das Winkelintervall $[30°;90°]$ ist die Abstell-Wahrscheinlichkeit 50 %, ebenso für $[0°;30°]$. Der Median der Abstellwinkel beträgt 30° und ist kleiner als der arithmetische Mittelwert aller Abstellwinkel.

Lösungsskizzen zu c : Berechnung des (oberen) 3. Quartils : $\sin x = 0{,}75 \Rightarrow \alpha = 48{,}6°$

Bei 75 % aller Abstellvorgänge liegt der Winkel im Bereich [0° ; 48,6°] und
bei 25 % aller Abstellvorgänge liegt der Winkel im Bereich [48,6° ; 90°].
Das ist bei einem hohen Abstellraum nicht angemessen. Wenn ich das Aufstellen einer Leiter
in einem hohen Raum als stochastischen Vorgang modelliere, dann stelle ich mir vor, dass ich
meine Leiter fast senkrecht aufstelle, d. h. dass kleine Winkel ganz selten, vorwiegend aber
Winkel in der Nähe von 90° vorkommen, so dass der Mittelwert, aber auch der Median der
Abstellwinkel deutlich über 60° liegen.

In Axels Modell ist dies nicht der Fall, wie die Ergebnisse der Aufgaben a bis c belegen. Axels
Verteilungsfunktion hat die größten Zuwächse bei kleinen Winkeln, gegen 90° hin werden die
Zuwächse immer kleiner. Zur Realisierung meiner Vorstellung benötige ich eine Verteilungsfunktion, die bei kleinen Winkeln geringe Zuwächse aufweist, während die Zuwächse bei
Annäherung an 90° immer größer werden. Der Graph der Verteilungsfunktion muss also links-
gekrümmt sein. Ich modelliere daher die Verteilungsfunktion durch Potenzfunktionen
$G_n : x \rightarrow G_n(x)$ mit $G_n(x) = c \cdot x^n$ mit $n > 1$ und $n \in \mathbb{N}$.

Bei einer linearen Verteilungsfunktion ($n = 1$) werden alle Winkel als gleichwahrscheinlich angesehen, was in unserem Fall keine angemessene Modellierung ist. Für $n > 1$ entsprechen die
Potenzfunktionen der oben skizzierten Vorstellung, wie eine passende Verteilungsfunktion
aussehen sollte, und zwar für größere n immer besser.

Aus $G_n(\frac{\pi}{2}) = 1$ folgt : $G_n(x) = \left(\frac{2}{\pi}\right)^n \cdot x^n$ für $0 < x < \frac{\pi}{2}$. Es gilt : $E(X) = \frac{n}{n+1} \cdot \frac{\pi}{2}$. Für alle $n >$
2 erhalte ich $E(X) > 60°$. Es gilt : $x_{0,5} = \sqrt[n]{\frac{1}{2}} \cdot \frac{\pi}{2}$. Für alle $n > 1$ erhalte ich $x_{0,5} > 60°$.

Aufgabe 11 : Gegeben sei $f : x \rightarrow f(x)$ mit $f(x) = \begin{cases} 0 & x < 0 \\ 4x \cdot e^{-2x} & x \geq 0 \end{cases}$

a. Zeigen Sie, dass f eine Dichtefunktion ist.
b. X sei Maßzahl für die Dauer der Reparatur eines Autos in Stunden. Untersuchen Sie, wieviel
   Prozent der Reparaturen

   b_1. weniger als 1 Stunde beziehungsweise b_2. zwischen $\frac{1}{2}$ Stunde und 1 Stunde dauern.

c. Erläutern Sie die Bedeutung von x_{max} der Dichtefunktion f im Sinne der Analysis und der
Stochastik. Begründen Sie, warum $\mu > x_{max}$ sein muss, ohne dass Sie $\mu = E(X)$ ausrechnen.

Lösungsskizzen zu a : Zu zeigen : (a) $f(x) \geq 0$ für alle $x \in \mathbb{R}$ und (b) $\int_{-\infty}^{\infty} f(x)\,dx = 1$

(a) ist erfüllt : Für $x \geq 0$ ist $f(x) \geq 0$, da $e^{-2x} > 0$ für alle $x \in \mathbb{R}$.

(b) ist erfüllt : $\int_{-\infty}^{\infty} f(x)\,dx = \int_0^{\infty} 4x \cdot e^{-2x}\,dx = \left[1 + (-2x-1) \cdot e^{-2x}\right]_0^{\infty} = 1 - (1 - 1) = 1$

Als Stammfunktion von $f : x \rightarrow 4x \cdot e^{-2x}$ erhält man $F : x \rightarrow (-2x-1) \cdot e^{-2x} + c$ (partielle Integration !). Unter Beachtung von $F(0) = 0$ folgt $c = 1$, also $F : x \rightarrow (-2x-1) \cdot e^{-2x} + 1$.

Lösungsskizzen zu b : $P(X < 1) = P(X \leq 1) = F(1) = 1 - \frac{3}{e^2} \approx 0,594$

$P(0,5 \leq X \leq 1) = F(1) - F(0,5) = 1 - \frac{3}{e^2} + \frac{2}{e} - 1 = \frac{2}{e} - \frac{3}{e^2} \approx 0,329$

Innerhalb der ersten Stunde werden ca. 59 %, in der 2. halben Stunde ca. 33 % repariert.

Lösungsskizzen zu c : Berechnung von x_{max} : f' : $x \to 4e^{-2x} + 4x \cdot e^{-2x} \cdot (-2) = e^{-2x} \cdot (4 - 8x)$. Bei $x_{max} = 0{,}5$ liegt ein relatives Maximum von f vor, denn es ist f'(0,5) = 0 und f' wechselt an der Stelle x = 0,5 das Vorzeichen von + nach -. Wegen f(0) = 0 und $\lim_{x \to \infty} f(x) = 0$ ist das relative Maximum auch ein absolutes. Zweimaliges partielles Integrieren ergibt : E(X) = 1.

x_{max} ist absolutes Maximum des Graphen von f. Bei x_{max} wächst die Verteilungsfunktion F am stärksten. Innerhalb der ersten halben Stunde werden nur ca. 26 % der Reparaturen beendet. Daher muss der Mittelwert der Reparaturzeiten $\mu = E(X)$ größer als $0{,}5 = x_{max}$ sein.

Aufgabe 12 : Beim Spiel „Mensch ärger Dich nicht" kann man erst nach Würfeln einer „6" beginnen.

a. Berechnen Sie die Wahrscheinlichkeit dafür, dass man genau k mal mit einem L-Würfel würfeln muss, bis man zum ersten Mal eine „6" erhält.
b. Berechnen Sie die mittlere Wartezeit auf die erste „6" und die Varianz bei einem L-Würfel.
c. Anke führt das Experiment „Würfeln bis zur ersten 6" mit einem L-Würfel durch. Schätzen Sie die Anzahl der Würfe ab, die sie mit großer Wahrscheinlichkeit für 50 Sechser braucht.
d. Michael überprüft seinen Würfel. Er erhält bei 200 Versuchen 48 Sechser. Untersuchen Sie, ob er diesen Würfel noch als L-Würfel ansehen kann.

Lösungsskizzen : Für die Teilaufgaben a und b zähle die Zufallsgrösse X die Anzahl der Würfe bis zur ersten „6".

a : Zuerst würfelt man (k-1) Mal keine „6" und dann die „6". Also : $P(X = k) = \left(\dfrac{5}{6}\right)^{k-1} \cdot \dfrac{1}{6}$.

b : Zu $p = \dfrac{1}{6}$ gehört anschaulich der Erwartungswert E(X) = 6. Für E(X) gilt : E(X) =

$\sum_{k=1}^{\infty} [k \cdot P(X=k)] = \sum_{k=1}^{\infty} \left[k \cdot \left(\dfrac{5}{6}\right)^{k-1} \cdot \dfrac{1}{6} \right] = \dfrac{1}{6} \cdot \sum_{k=1}^{\infty} \left[k \cdot \left(\dfrac{5}{6}\right)^{k-1} \right] = \dfrac{1}{6} \cdot \dfrac{1}{\left(1 - \dfrac{5}{6}\right)^2} = \dfrac{1}{6} \cdot 36 = 6$

Zwei Sätze aus Kapitel 6 in Wirths (2019b) sind hier wichtig : $\sum_{k=1}^{\infty} \left[k \cdot q^{k-1} \right] = \dfrac{1}{(1-q)^2}$

sowie zur Berechnung der Varianz $\sum_{k=2}^{\infty} \left[k \cdot (k-1) \cdot q^{k-2} \right] = \dfrac{2}{(1-q)^3}$.

Es ist $E(X \cdot (X-1)) = \sum_{k=1}^{\infty} [k \cdot (k-1) \cdot P(X=k)] = \sum_{k=1}^{\infty} \left[k \cdot (k-1) \cdot \left(\dfrac{5}{6}\right)^{k-1} \cdot \dfrac{1}{6} \right] =$

$\dfrac{1}{6} \cdot \dfrac{5}{6} \cdot \sum_{k=2}^{\infty} \left[k \cdot (k-1) \cdot \left(\dfrac{5}{6}\right)^{k-2} \right] = \dfrac{5}{36} \cdot \dfrac{2}{(1-\dfrac{5}{6})^3} = 60$. Aus $V(X) = E(X^2) - [E(X)]^2 =$

$E(X \cdot (X-1)) + E(X) - [E(X)]^2$ folgt : V(X) = 60 + 6 - 36 = 30.

c : Die Zufallsgröße X_i gebe die Anzahl der Würfe beim i-ten Experiment „Würfeln bis zur ersten Sechs" an ($1 \leq i \leq 50$). Dann sei $X := \sum_{i=1}^{50} X_i$. Es gilt $\mu = E(X) = E(\sum_{i=1}^{50} X_i) =$

$\sum_{i=1}^{50} E(X_i) = 50 \cdot 6 = 300$. Im Mittel muss man 300 mal würfeln. Dies ist die <u>Punktschätzung</u>.

Weil die Zufallsgrössen X_i unabhängig sind, gilt $V(X) = V(\sum_{i=1}^{50} X_i) = \sum_{i=1}^{50} V(X_i) = 50 \cdot 30 = 1500$. Also ist $\sigma = \sigma(X) = \sqrt{V(X)} = \sqrt{1500} \approx 38{,}73$.

Daraus folgt als <u>Intervallschätzung</u> : $\mu - 2\sigma \approx 222{,}5$; $\mu + 2\sigma \approx 377{,}5$. Anke muss mit großer Wahrscheinlichkeit für 50 Sechsen mindestens 223 und höchstens 377 Würfe machen.

d :

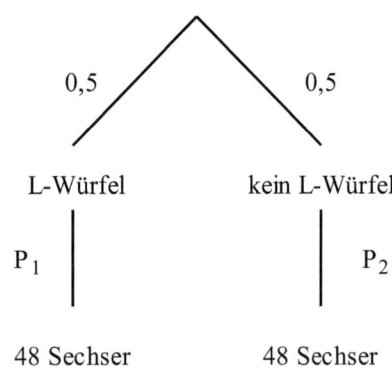

Ein neutraler Beobachter, der über keine weiteren Informationen verfügt, schätzt die beiden Hypothesen („Es ist ein L-Würfel", „Es ist kein L-Würfel") gleich ein. Die relative Häufigkeit für das Ergebnis „6" ist bei diesem Würfel 0,24. Die Wahrscheinlichkeit P_1, mit einem L-Würfel nach 200 Versuchen 48 Sechser zu erhalten, beträgt $\binom{200}{48} \cdot \left(\frac{1}{6}\right)^{48} \cdot \left(\frac{5}{6}\right)^{152}$, die Wahrscheinlichkeit P_2, dies mit einem anderen Würfel - die Wahrscheinlichkeit für „6" sei p - zu erzielen, ist $\binom{200}{48} \cdot p^{48} \cdot (1-p)^{152}$. Daher beträgt die Wahrscheinlichkeit P(p), 48 Sechser bei 200 Versuchen zu erzielen, falls <u>kein</u> L-Würfel benutzt wurde, P(p) =

$$\frac{0{,}5 \cdot \binom{200}{48} \cdot p^{48} \cdot (1-p)^{152}}{0{,}5 \cdot \binom{200}{48} \cdot p^{48} \cdot (1-p)^{152} + 0{,}5 \cdot \binom{200}{48} \cdot \left(\frac{1}{6}\right)^{48} \cdot \left(\frac{5}{6}\right)^{152}} = \frac{p^{48} \cdot (1-p)^{152}}{p^{48} \cdot (1-p)^{152} + 4{,}1 \cdot 10^{-50}}.$$

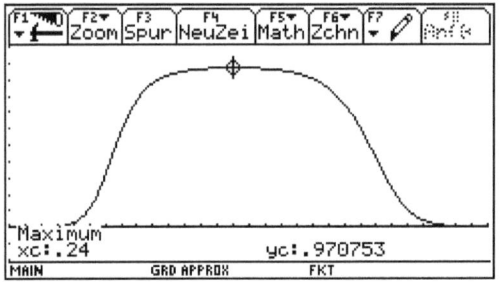

Diese Funktion P plotten wir. Dazu reicht schon ein graphikfähiger Taschenrechner. In der Abbildung sehen wir, dass P für p = 0,24 maximal wird. Natürlich kann man die Mittel der Analysis benutzen und die Nullstelle der 1. Ableitung bestimmen. Die Diskussion über die Existenz eines absoluten Maximums an der Stelle p = 0,24 wird erleichtert, wenn man berücksichtigt, dass die Funktion P nur für $0 \leq p \leq 1$ interessiert, wobei P(0) = P(1) = 0 ist, und dass P(p) für alle $p \in [0;1]$ positiv ist, da sowohl Zähler wie Nenner für diese p immer positiv sind. Fazit : Es gilt $P(0{,}24) \approx 0{,}97$. Aus der Wahrscheinlichkeit für einen L-Würfel von rund 3% entscheiden wir uns dafür, dass der Würfel kein Laplace-Würfel ist.

Eine andere Möglichkeit besteht darin, den Radius t einer $t \cdot \sigma$-Umgebung um μ auszurechnen. In diesem Fall gilt $t \approx 2{,}7$ sowie $P(X \geq 48) \approx 0{,}005$ für n = 200 und $p = \frac{1}{6}$. Die beobachtete Anzahl oder eine noch größere für „6" ist bei einem L-Würfel sehr selten. Man macht daher nur einen sehr kleinen Fehler, wenn man annimmt, dass kein L-Würfel benutzt wurde.

Die Anforderungen der letzten Aufgabe d lassen sich auf unterschiedliche Art und Weise lösen. Diese Vielfalt wird in Abschnitt 1.4 in diesem Buch und im 15. Kapitel in Wirths (2019) bei einer ähnlichen Problemstellung beschrieben.

Aufgabe 13 : Gegeben seien die beiden Datensätze :

x	8	8	8	8	8	8	19	8	8	8	8
y_1	6,58	5,76	7,71	8,84	8,47	7,04	5,25	12,50	5,56	7,91	6,89

x	4	5	6	7	8	9	10	11	12	13	14
y_2	3,10	4,74	6,13	7,26	8,14	8,77	9,14	9,26	9,13	8,74	8,10

a. Vergleichen Sie beide Datensätze und begründen Sie, ob Sie bei diesen Datensätzen eine Regressionsrechnung durchführen würden oder nicht.

b. Beweisen Sie : $\sum_{i=1}^{n}(x_i - \bar{x})^2 = \sum_{i=1}^{n} x_i^2 - n \cdot \bar{x}^2$

Lösungsskizzen zu a : Für beide Datensätze gilt $\bar{x} = 9$ und $\bar{y} = 7,5009$. Eine Regressionsrechnung ist nur für den 2. Datensatz sinnvoll. Beim 1. Datensatz werden mit einer Ausnahme einer einzigen ersten Koordinate unterschiedliche zweite Koordinaten zugeordnet. Der Messwert mit der ersten Koordinate 19 wirkt wie ein Ausreißer : Für die ersten Koordinaten gilt : Minimum = 1. Quartil = Median = 3. Quartil = 8. Das Maximum 19 ist extrem weit von den übrigen Kennzahlen entfernt. Beim 2. Datensatz erscheint eine lineare Regression nicht angemessen, da sich als einbettender Graph eher eine Parabel, aber keine Gerade anbietet. Dies bestätigt eine Rechnung. Für eine lineare Ausgleichsfunktion gilt : $f(x) = 0,5 \cdot x + 3,0001$. Der Korrelationskoeffizient r beträgt 0,8165. Der mittlere relative Abstand der Prognosewerte von den Messwerten ist ungefähr 16 %. Ein grafikfähiger Taschenrechner liefert über das Modul „Quad-Reg", wobei die Koeffizienten auf 3 Nachkommastellen gerundet sind : $f(x) = -0,127 \cdot x^2 + 2,781 \cdot x - 5,996$. Hier ist der mittlere relative Abstand der Prognosewerte von den Messwerten etwa 0,02 %. Die einzelnen Abstände (absolut und relativ) sind so gering, dass eine gute Approximation vorliegt.

Lösungsskizzen zu b : $S_{xx} = \sum_{i=1}^{n}(x_i - \bar{x})^2 = \sum_{i=1}^{n}(x_i^2 - 2x_i \cdot \bar{x} + \bar{x}^2) =$

$\sum_{i=1}^{n} x_i^2 + \sum_{i=1}^{n} \bar{x}^2 - 2\bar{x} \cdot \sum_{i=1}^{n} x_i = \sum_{i=1}^{n} x_i^2 + n \cdot \bar{x}^2 - 2 \cdot \bar{x}^2 \cdot n = \sum_{i=1}^{n} x_i^2 - n \cdot \bar{x}^2$

Aufgabe 14 : Bei den Planeten gilt folgender Zusammenhang zwischen der mittleren Entfernung x von der Sonne und der Umlaufdauer T
(Daten aus : Sieber, Mathematische Tafeln, Klett Verlag) :

Planet	Merkur	Venus	Erde	Jupiter	Saturn	Uranus	Neptun	Pluto
x in AE	0,387	0,723	1,000	5,203	9,539	19,26	30,094	39,83
T in a	0,241	0,615	1,000	11,867	29,638	84,52	165,087	251,37

x wird in astronomischen Einheiten AE angegeben, wobei 1 AE = $1,496 \cdot 10^{11}$ m ist, T in Jahren

a. Führen Sie eine Regressionsrechnung in einem geeigneten Modell durch.

b. Beim Mars gilt T = 1,881 Jahre . Berechnen Sie x und vergleichen Sie mit dem Literaturwert 1,524 AE.

Lösungsskizzen zu a : Der x-T-Graph stellt eine rechtsgekrümmte Kurve dar. Es macht auch Sinn, wenn man sich diese Kurve durch den Koordinatenursprung vorstellt. Daher versuchen wir die Approximation der Messwerte mit einer Potenzfunktion vom Typ $f(x) = a \cdot x^b$, $b \in \mathbb{R}$.

Das Modul „PwrReg" eines graphikfähigen Taschenrechners liefert : a ≈ 1 und b ≈ 1,5. Rechnet man mit f(x) = $x^{1,5}$, dann ist der mittlere relative Abstand der Prognosewerte von den Messwerten etwa 0,09 %, die einzelnen Abstände (absolut und relativ) sind so gering, dass eine ausgezeichnete Approximation vorliegt und wir keinen Grund sehen, ein anderes Modell zu erproben.

Lösungsskizzen zu b : Es ist $1{,}881^{\frac{2}{3}} \approx 1{,}5237$. Der absolute Abstand zwischen Literatur- und Prognosewert beträgt ungefähr $2{,}07 \cdot 10^{-4}$, der relative Abstand in etwa 0,02 %.

Die Aufgabe „Auswerten von Messreihen – Entdecken von Zusammenhängen" in Wirths (2019a) sei erwähnt. Hier erfolgt eine mathematische Modellierung für vier Messreihen. Insbesondere wird der Einsatz eines CAS-Rechners bei der Behandlung dieser Probleme vorgestellt.

Aufgabe 15 : Die Sehbeteiligung bei Fernsehsendungen stochastisch betrachtet
Bei der Fußball-Weltmeisterschaft 1998 in Frankreich haben am 12. Juli 26,01 Millionen Fernsehzuschauer die zweite Halbzeit des Endspiels Brasilien-Frankreich in der ARD gesehen. Im Teletext der ARD stand, dass 75 % einer Stichprobe Zuschauer dieser Sendung waren.
a. Entwickeln Sie eine Schätzung, wie viele unter 12 000 rein zufällig ausgewählten Personen, die der Stichprobe nicht angehören, die zweite Halbzeit gesehen haben, sowie eine Schätzung zur tatsächlichen Sehbeteiligung in Prozent.
b. Wenn man alle 12 000 ausgesuchten Personen besuchen will, muss man damit rechnen, einzelne Personen nicht anzutreffen. Erfahrungsgemäß trifft man nur $\frac{2}{3}$ der Personen an. Schätzen Sie die Anzahl der Personen ab, die dreimal hintereinander nicht angetroffen werden, und stellen Sie die Annahmen dar, die man bei einer Modellierung machen muss.
c. Untersuchen Sie, wie viele Personen man mindestens aufsuchen muss, damit man mit großer Wahrscheinlichkeit mindestens 65 % davon tatsächlich beim ersten Mal antrifft.
d. Stellen Sie sich vor, dass man in einer Stichprobe von 12 000 Befragten exakt 75 % Zuschauer gefunden hat. Untersuchen Sie, wie genau man bei 12 000 Befragten die Anzahl der Zuschauer abschätzen kann, und nehmen Sie Stellung zu den im Aufgabenkopf genannten Zahlen.

Lösungsskizzen zu a : Ansatz im Modell einer Binomialverteilung mit n = 12 000 und r_n = 0,75. Gesucht werden alle Wahrscheinlichkeiten p, in deren t·σ-Umgebungen die beobachtete relative Häufigkeit 0,75 liegt. Wir setzen t = 2 : $\left|\frac{3}{4} - p\right| \leq 2 \cdot \sqrt{\frac{p \cdot (1-p)}{12000}}$ ⇔ 0,7420 ≤ p ≤ 0,7578. Mindestens 8 904 (74,20 %) und höchstens 9 093 (75,78 %) Personen der Stichprobe haben die Übertragung gesehen. Die Sicherheitswahrscheinlichkeit liegt zwischen 95,37 % und 95,51 %. (Exakt berechnet für Stichproben im Konfidenzintervall.)

Lösungsskizzen zu b : X : Anzahl der Besuche mit Antreffen. Berechnung im Modell einer Binomialverteilung mit $p = \frac{1}{3}$ und n = 3 : $P(X = 0) = \frac{1}{27}$. Die Unabhängigkeit der Besuche wird vorausgesetzt. <u>Punktschätzung</u> : $\mu = 12000 \cdot \frac{1}{27} = 444{,}\overline{4}$. Rund 444 Personen werden dreimal hintereinander nicht angetroffen.

Intervallschätzung im Modell einer Binomialverteilung mit p = $\frac{1}{27}$, n = 12 000, μ = 444,$\overline{4}$ und

σ = $\sqrt{\frac{1}{27} \cdot \frac{26}{27} \cdot 12000}$ ≈ 20,69. Nach Berechnung einer 2σ-Umgebung um μ folgt : Mindestens 404 und höchstens 485 Personen werden dreimal hintereinander nicht angetroffen mit der Sicherheitswahrscheinlichkeit 95,26 %.

Lösugsskizzen zu c : Rechnung im Modell einer Binomialwahrscheinlichkeit mit unbekanntem n, p = $\frac{2}{3}$. μ - t·σ, die linke Grenze des t·σ-Intervalls um μ, muss größer als 65 % der Zahl n der besuchten Personen sein. Für t = 2 folgt : $\frac{2}{3}$·n - 2·$\sqrt{\frac{1}{3} \cdot \frac{2}{3} \cdot n}$ ≥ 0,65·n ⇒ n ≥ 3 200. Es müssen mindestens 3 200 Personen besucht werden, damit man mindestens 65 % der Besuchten beim ersten Mal antrifft. Die Sicherheitswahrscheinlichkeit beträgt rund 97,79 %.

Lösungsskizzen zu d : Es gibt mehrere Lösungswege im Modell einer Binomialverteilung mit n = 12 000, p = $\frac{3}{4}$, μ = 9000 und σ ≈ 47,4 :

- Berechnung, auf wieviel Prozent die Anzahl an Zuschauern abgeschätzt werden kann und der zugehörigen Anzahl an Fernsehzuschauern bezogen auf ca. 34 Millionen oder
- Abschätzung, wie viele Personen mindestens befragt werden müssen, um eine Aussage über die Anzahl an Fernsehzuschauern auf 10 000 Personen genau machen zu können oder
- Berechnung einer 2σ-Umgebung um μ mit p = 0,75 und Abschätzen der Genauigkeit.

Zum ersten Weg : Absolute Häufigkeiten k innerhalb einer t·σ-Umgebung um μ = n·p werden charakterisiert durch die Ungleichung |k − n·p| ≤ t·σ. Dividiert man beide Seiten durch n, er hält man für den Abstand der relativen Häufigkeiten $\frac{k}{n}$ von der Wahrscheinlichkeit p innerhalb einer t·σ-Umgebung die Ungleichung $\left|\frac{k}{n} - p\right|$ ≤ t·$\frac{\sigma}{n}$. g sei die Prozentzahl für die Genauigkeit. Man macht den : $\left|\frac{k}{n} - p\right|$ ≤ 2·$\frac{\sigma}{n}$ = $\frac{g}{100}$ und löst die Gleichung 2·$\frac{\sigma}{n}$ = $\frac{g}{100}$ nach g auf. Es folgt g = 0,79. Man kann also bei 12 000 Personen in der Stichprobe nicht genauer als auf 0,79 % abschätzen. Bei insgesamt 34,68 Millionen Fernsehzuschauern entspricht das 273 972 Personen. Die Anzahl an Fernsehzuschauern kann also auf grob gerundet $\frac{1}{4}$ Million Personen genau abgeschätzt werden. „26,01 Millionen Zuschauer" täuscht aber eine Genauigkeitsangabe auf 10 000 Personen vor.

1.3. Probleme mit einem Näherungsverfahren im Modell der Normalverteilung

1.3.1. Eine Abituraufgabe aus Bayern

Eine Teilaufgabe aus dem Zentralabitur von Bayern (Abitur 1996, Aufgabe Wahrscheinlichkeitsrechnung/ Statistik III) lautet : „Der Sender braucht 400 neue, einwandfreie Magnetbänder. Erfahrungsgemäß sind 2 % der gelieferten Bänder schadhaft. Wie viele Bänder müssen bestellt werden, damit mit mindestens 99 % Wahrscheinlichkeit wenigstens 400 einwandfreie Bänder darunter sind ? Verwenden Sie die Normalverteilung als Näherung."

Betrachten wir den Lösungsweg, wie er für solch eine Aufgabenstellung üblicherweise dargestellt wird. Wir erhalten nach einigen Umformungen mit der Φ-Funktion, Berücksichtigung der Stetigkeitskorrektur und nach Übergang zu Φ^{-1} die Ungleichung

(∗) $0,98 \cdot n - 2,3264 \cdot \sqrt{0,98 \cdot 0,02} \cdot \sqrt{n} \geq 399,5$. Wir fassen (∗) als eine quadratische Ungleichung in der Variablen $\sqrt{n}$ auf, die wir über $\sqrt{n}$ nach n auflösen und erhalten n ≥ 414,4. In Musterlösungen finden wir als Abschluss die Ergebnisformulierung „Mindestens 415 Bänder müssen bestellt werden."

Jetzt muss eine kritische Überprüfung des Rechenergebnisses erfolgen. Aber die fehlt bei den mir vorliegenden Musterlösungen. Wir haben ein Näherungsverfahren benutzt und wissen nicht, wie weit das Rechenergebnis von der exakten Lösung entfernt ist. Wir können nur hoffen, nahe an der Lösung zu sein. Außerdem ist solch eine Entscheidung immer mit einem Risiko verbunden, wir können bei einer Bestellung von mindestens 415 Bändern auch weniger als 400 brauchbare erhalten. Damit wir eine sachgemäße Entscheidung treffen können, müssen wir die Sicherheitswahrscheinlichkeit dafür kennen, dass wir unter den genannten Bedingungen mindestens 400 brauchbare Bänder eingekauft haben. Eine Lösung ohne Angabe dieser konkreten Sicherheitswahrscheinlichkeit ist unvollständig. Wie man solch eine Sicherheitswahrscheinlichkeit im Modell der Binomialverteilung exakt bestimmen kann, habe ich in Wirths (1998) beschrieben. Für diese Abituraufgabe erhalten wir mit n = 415 und p = 0,98, wobei die Zufallsgröße X die Anzahl der brauchbaren Bänder zählt, P(X ≥ 400) = 0,9894. Wir dürfen nicht erstaunt sein, dass bei einer Bestellung von 415 Bändern die in der Aufgabenstellung geforderte Sicherheit von mindestens 99 % nicht erreicht wird, schließlich haben wir die Mindestzahl nur approximativ bestimmt. Die geforderte Sicherheit ist erst für Anzahlen n ≥ 416 gegeben.

Hätten die für diese Aufgabe in Bayern Verantwortlichen nicht etwas vorsichtiger formulieren müssen ? Darf man überhaupt im Abitur eine Aufgabe stellen und dabei auch noch einen Lösungsweg vorgeben, bei dem man vorher weiß, dass das errechnete Ergebnis nicht Lösung des gestellten Problems ist ? Für meine Aufgaben lehne ich es ab, so deutlich einen bestimmten Lösungsweg vorzugeben. Auch bei der Sicherheitswahrscheinlichkeit formuliere ich vorsichtiger. Es reicht doch, von „in etwa 99 %" zu reden. Man kann die Angabe einer für den konkreten Problemfall angemessenen Sicherheitswahrscheinlichkeit und die Begründung für die gewählte Größe auch den Lernenden überlassen. Ich jedenfalls mache damit gute Erfahrungen.

1.3.2. Eine Abituraufgabe aus Niedersachsen

Bei den mir als Fachberater zur Überprüfung vorgelegten Abituraufgaben aus dem Bereich Stochastik findet sich dieser Aufgabentyp ziemlich häufig. Das im ersten Abschnitt aufgezeigte und zu kritisierende Lösungsverhalten ist auch im dezentralen Abitur in Niedersachsen die Regel. Als besonders interessanten Beleg zitiere ich aus den amtlichen niedersächsischen „Einheitlichen Prüfungsanforderungen" (EPA). Teil c der Einzelaufgabe „Knallgelb im Hadepark" (vgl. EPA (1998), S. 53/4) lautet : „Auf Anfrage bei der Zeitung wurde bestätigt, dass darüber nachgedacht wurde, die Zahl der Abgeordneten durch Nachrücker zu erhöhen, weil in der vergangenen Periode durchschnittlich 20 % der Abgeordneten in den Sitzungen nicht anwesend waren. Wie viele Nachrücker müssten gewählt werden, damit mit einer Wahrscheinlichkeit von mindestens 95 % mindestens 70 Parlamentarier in den Sitzungen anwesend sind ?"

Auch in den niedersächsischen EPA wird unter „Erwartete Lösungswege und Ergebnisse" eine Modellierung mit Hilfe der Normalverteilung vorgenommen, obwohl die Aufgabenstellung ein solches Vorgehen nicht vorsieht. Aus dem Ansatz P(X ≥ 70), wobei die Zufallsgröße X die Anzahl der anwesenden Parlamentarier zählt, geben die Verfasser nach einigen Umformungen mit der Φ-Funktion, Berücksichtigung der Stetigkeitskorrektur und nach Übergang zu Φ^{-1} die Ungleichung (+) $\dfrac{0{,}8 \cdot n - 69{,}5}{0{,}4 \cdot \sqrt{n}} > 1{,}6449$ an. Auch hier wird (+) als quadratische Ungleichung in der Variablen $\sqrt{n}$ aufgefasst, die nach $\sqrt{n}$ und anschließend nach n aufgelöst wird mit dem Ergebnis n ≥ 94,89. Die Schlussformulierung der niedersächsischen EPA „95 - 70 = 25 Nachrücker" erweckt den Eindruck, exakt zu sein. Es kommt darin überhaupt nicht zum Ausdruck, auf welch tönernen Füßen dieses Ergebnis steht. „Mindestens 96 Abgeordnete" lautet nämlich die korrekte Lösung der gestellten Aufgabe. Das wird aber nicht erwähnt. Für n = 96 und p = 0,8 erhalten wir P(X ≥ 70) = 0,965, während für n = 95 diese Sicherheitswahrscheinlichkeit auf drei Nachkommastellen 0,948 beträgt. In der Aufgabenstellung wird aber eine Sicherheit von mindestens 95 % gefordert. Bei geschickter Formulierung des Arbeitsauftrags hätte man dieses Dilemma vermeiden können.

Es wird zudem noch nachgewiesen, dass die Laplace-Bedingung in der Form σ > 3 für n > 56, und damit erst recht für n > 70, erfüllt ist. Auf die Laplace-Bedingung wird in Abschnitt 1.3.4 eingegangen. Die oben erwähnte Ungleichung (+) ist äquivalent zur Ungleichung

(∗∗) $0{,}8 \cdot n - 1{,}6449 \cdot \sqrt{0{,}8 \cdot 0{,}2} \cdot \sqrt{n} > 69{,}5$, was man unter Berücksichtigung von $\sqrt{0{,}8 \cdot 0{,}2} = 0{,}4$ und Multiplikation mit dem Nenner leicht überprüfen kann.

1.3.3. Ein Lösungsvorschlag

Bei beiden Aufgaben habe ich die Ungleichungen (∗) und (∗∗) besonders erwähnt. Alle Lösungsansätze für diesen Aufgabentyp der Bestimmung einer Maximal- oder Minimalzahl führen darauf, eine geeignete t·σ-Umgebung um μ zu betrachten. Dadurch wird folgender Lösungsansatz im Modell der Binomialverteilung nahegelegt : Wir suchen den minimalen Stichprobenumfang n, für den μ - t·σ ≥ g mit g = 400 (Bayern) oder g = 70 (Niedersachsen) gilt. Damit wir eine Lösung für n bestimmen können, benötigen wir einen konkreten Wert für t. Wir müssen t so wählen, dass die Sicherheitswahrscheinlichkeit die Bedingung P(X ≥ 95) ≥ 0,95 (Niedersachsen) oder P(X ≥ 400) > 0,99 (Bayern) erfüllt. Leider ist t bei Binomialverteilungen nicht nur abhängig von der konkreten Sicherheitswahrscheinlichkeit, sondern darüber hinaus auch noch von n und p. Wir wissen, dass wir Binomialverteilungen durch die Standard-Normalverteilung approximieren können. Daher setzen wir für t den Wert ein, den wir bei einer Normalverteilung nehmen würden. Das von mir hier vorgeschlagene Verfahren ist also kein exaktes Lösungsverfahren, sondern auch nur ein Näherungsverfahren. Da wir außer dieser Anleihe aus dem Modell der Normalverteilung ansonsten nur im Modell der Binomialverteilung bleiben, schlage ich die Bezeichnung „Näherungsverfahren im Modell der Binomialverteilung" vor. Wir wählen t = 1,6449 (Niedersachsen) bzw. t = 2,3264 (Bayern). Diese Werte für t können wir den gängigen Tabellenwerken zur Stochastik entnehmen oder mit Hilfe eines zumindest programmierbaren Taschenrechners, eines Computers oder durch Umformungen mit Hilfe der Φ-Funktion berechnen.

Wir müssen bei den hier betrachteten Aufgaben folgende Ungleichungen lösen :
- $0{,}8 \cdot n - 1{,}6449 \cdot \sqrt{0{,}8 \cdot 0{,}2} \cdot \sqrt{n} \geq 70$ (Niedersachsen) bzw.
- $0{,}98 \cdot n - 2{,}3264 \cdot \sqrt{0{,}98 \cdot 0{,}02} \cdot \sqrt{n} \geq 400$ (Bayern).

Wir fassen beide Ungleichungen als quadratische Ungleichungen in der Variablen $\sqrt{n}$ auf, die wir zunächst nach $\sqrt{n}$ und danach nach n auflösen. Wir erhalten als Ergebnis : n ≥ 95,5 (Niedersachsen) bzw. n ≥ 414,9 (Bayern). Erst der Einbezug der exakten Sicherheitswahrscheinlichkeiten gibt Aufschluss darüber, dass die Ungleichung n ≥ 96 die gestellte niedersächsische Aufgabe löst, während erst Anzahlen n mit n ≥ 416 Lösungen der bayerischen Aufgabe sind. Dieses Näherungsverfahren führt uns etwas besser an die Lösungen heran als das Näherungsverfahren im Modell der Normalverteilung. Es erspart uns aber auch nicht die kritische Überprüfung, ob das durch die Rechnung naheliegende Ergebnis tatsächlich Lösung der gestellten Aufgabe ist. Bei der bayerischen Aufgabe wird deutlich, das rechnerische Ergebnis n = 415 löst die gestellte Aufgabe nicht.

Am Abschluss der Bearbeitung dieser Aufgaben erfolgt eine Ergebnisdiskussion unter Einbezug der exakten Sicherheitswahrscheinlichkeit. Das gehört unverzichtbar zu einer Bearbeitung mit dazu. Lernende müssen eine begründete Empfehlung aussprechen. Ich mache die Erfahrung, dass absolute Zahlen die Lernenden viel besser zu Antworten anregen und zu Entscheidungen provozieren als relative Zahlen. Daher lasse ich Sicherheitswahrscheinlichkeiten, die ja relative Zahlen sind, auch durch Verhältnisse in natürlichen Zahlen darstellen. Bei der Aufgabe aus Niedersachsen müssen wir erwarten, dass von 1000 Sitzungen, die unter den im Aufgabentext genannten Bedingungen stattfinden, im Mittel rund 52 (bei 95 Parlamentariern) oder in etwa 35 (bei 96 Abgeordneten) weniger als 70 Teilnehmer haben. Diese Möglichkeiten stehen zur Debatte. Oder sollte man vielleicht sogar 97 Abgeordnete empfehlen ? In solch einer Diskussion spielen dann auch Argumente wie „Eine ungerade Anzahl von Parlamentariern ist besser, wenn man Patt-Situationen vermeiden will." oder „Es lassen sich bei Beachtung der kommunalen Grenzen nur so und so viele in etwa gleich große Wahlkreise einrichten." eine Rolle. Damit möchte ich aufzeigen, dass bei Prüfungen zwar der mathematische Beitrag zur Lösung des Problems wesentlich im Vordergrund steht, der in der Realität aber nur einen gewissen Teil zur Entscheidungsfindung beiträgt. Diese Rolle der Mathematik sollte bei solch eingekleideten Aufgaben in der Ergebnisdiskussion deutlich werden.

1.3.4. Abschlussbemerkungen

Wir hätten schon längst über das hier angesprochene Näherungsverfahren im Modell der Normalverteilung nachdenken müssen. Ich denke nicht nur an das Unbehagen, das beim Interpretieren einer Ungleichung wie zum Beispiel $\mu - t\cdot\sigma > 69,5$ in der niedersächsischen Aufgabe entsteht, in der mit Bruchteilen von Abgeordneten gerechnet wird. Ich denke beim Lesen einer solchen Ungleichung auch daran, dass wir beim Berechnen der Sicherheitswahrscheinlichkeit $P(E)$ für das Ereignis E einen - wenn auch sehr kleinen - Teil des Gegenereignisses $\overline{E}$ mit einbeziehen. Wir schätzen daher die Sicherheitswahrscheinlichkeit systematisch zu groß ab. Für die hier diskutierte Aufgabenstellung, einen minimalen Stichprobenumfang n zu bestimmen, folgt, dass n systematisch zu klein abgeschätzt wird. Dieser Effekt hätte uns schon längst nachdenklich stimmen müssen. Außerdem hätte uns schon aus reiner Neugier bei der hier diskutierten Problemstellung vor allem die Antwort auf die Frage „Wie groß ist die exakte Sicherheitswahrscheinlichkeit ?" interessieren müssen. Aber Antworten wie „Es müssen 95 Abgeordnete sein." (vgl. EPA (1998)) oder „Es müssen 415 Bänder sein." in bayerischen Musterlösungen sind schlechte Vorbilder. Sie sagen nichts darüber aus, wie viel Unsicherheit darin enthalten ist, erst recht nicht, ob die in der Aufgabenstellung geforderte Sicherheit tatsächlich erreicht wird. Wir hätten diese falschen Vorbilder schon längst korrigieren müssen.

Das in Abschnitt 1.3.3 beschriebene Vorgehen ist nicht nur auf Leistungsniveau, sondern auch auf Grundniveau möglich. Es lässt sich unmittelbar nach Erarbeitung einiger grundlegender Eigenschaften von Binomialverteilungen beginnen. In Kapitel 8 in Wirths (2019b) habe ich mögliche Unterrichtsinhalte vorgestellt, bei denen das Berechnen von Bereichswahrscheinlichkeiten wesentlicher Bestandteil des Lösungsvorgangs ist. Auch das Berechnen von Höchst- oder Mindestanzahlen ist in diese Unterrichtseinheit eingebettet. Wir können also mit einem wesentlich geringeren theoretischen Aufwand als bisher in der Regel üblich diese auch für Lernende interessanten und interessierenden Problemstellungen in den Unterricht integrieren.

Die sogenannte Laplace-Bedingung (vgl. Abschnitt 1.3.2) spielt in diesem Konzept keine Rolle. Diese Bedingung muss man im Unterricht vorgeben, sie kann nicht bewiesen werden. Schülerfragen, die auf ein tieferes Verstehen, insbesondere auf den Zusammenhang zwischen Güte der Approximation und der „Schärfe" der Bedingung (Häufig wird n·p·q > 9 benutzt, es wird aber auch n·p·q > 6 von Krengel vorgeschlagen) zielen, können nicht zufriedenstellend beantwortet werden. Auch wenn man wie in der niedersächsischen Lösungsskizze nachweist, dass die Laplace-Bedingung erfüllt ist, garantiert dies nicht, dass das errechnete Ergebnis auch tatsächlich Lösung der gestellten Aufgabe ist. Wir fordern also ein sinnloses Ritual, wenn wir von den Lernenden ein Eingehen auf die Laplace-Bedingung verlangen und in die Bewertung mit einbeziehen wollen.

Bei der Aufgabenformulierung genügt meist eine grobe Angabe des Sicherheitsniveaus. Formulierungen wie „große" oder „genügend große" Sicherheitswahrscheinlichkeit reichen aus. Ich habe die Erfahrung gemacht, dass Lernende meist sehr verantwortungsbewusst und gut begründet ein passendes Sicherheitsniveau wählen. Bei der Ergebnisdiskussion müssen wir uns am Ende zwischen diskreten Sicherheitsniveaus entscheiden. Erst hier fällt in der Regel die Entscheidung über das für die Problemstellung angemessene oder anzustrebende Sicherheitsniveau. Es sollte uns auch nicht stören, wenn unter den Lernenden oder zwischen Lernenden und Lehrenden unterschiedliche Auffassungen über das für das jeweilige Problem relevante Sicherheitsbedürfnis bestehen. Dieses Kapitel ist eine Überarbeitung von Wirths (2000).

1.4. Trau keinem Test, den Du nicht selber interpretierst.

4.1 Zur Einführung

In Hildebrand (2001) werden Erfahrungen mit einer Grundkurs-Abituraufgabe aus der Stochastik geschildert. In der ersten Teilaufgabe 2.1 geht es um zwei unterschiedliche Zeitungsartikel, die dieselbe Gemeinderatswahl beschreiben, aber mit unterschiedlichen Prozentangaben argumentieren und einen unterschiedlichen Tenor aufweisen. Die Prüflinge sollen nachweisen, dass beide Artikel den gleichen Sachverhalt korrekt wiedergeben. Für den Referenten ist die geringe durchschnittliche Prüfungsleistung in diesem ersten Teil besonders auffällig. Im gleichen Zeitschriftenheft gibt es einen Vorschlag aus dem Max-Planck-Institut für Bildungsforschung in Berlin, wie man mit Hilfe von „Häufigkeitsbäumen" bei dieser Aufgabe besser die Intuition der Prüflinge in Einklang mit der erwarteten Lösung bringen kann. Dieser an sich begrüßenswerte Vorschlag übersieht zwei wesentliche Fakten: Zum einen kann die Übereinstimmung der aus den zu den Texten gehörenden Baumdiagrammen entwickelten Vierfeldertafeln nur unter Anwendung einer bestimmten Rundungsregel, auf die die Prüflinge nicht unbedingt kommen müssen, gezeigt werden, zum anderen geht der Vorschlag nicht auf die entscheidende Ursache der Probleme ein, die die Prüflinge hatten, nämlich, dass man mit den zu großzügig gerundeten Prozentzahlen in den Zeitungsartikeln die erwartete Übereinstimmung nicht zeigen kann, so dass das Unbehagen und die Unsicherheit der Prüflinge bereits durch zu ungenaue Daten in der Aufgabenstellung provoziert werden.

In der zweiten Teilaufgabe 2.2 müssen die Prüflinge drei Bereichswahrscheinlichkeiten im Modell der Binomialverteilung berechnen. Im dritten und vierten Teil (2.3 und 2.4) geht es um das Testen von Hypothesen. Diese drei Teilaufgaben sind erwartungsgemäß ausgefallen.

Aufgabe 2.4 und die zugehörigen Lösungsskizzen aus Hildebrand (2001) lauten :

„Im Vorfeld der nächsten Gemeinderatswahl tagt der Parteivorstand der PdL. Der Vorsitzende, Bauer Piepenbrink, meint, man müsse sich verstärkt um die jüngeren Wähler bemühen. Eine demographische Untersuchung zeige nämlich, dass der Anteil der über 50-jährigen bei den Wahlberechtigten abgenommen habe. Damit sinke auch der Anteil der PdL. Er schlägt eine große Werbekampagne vor. Der Schatzmeister der PdL, Bauer Grautebohnenkamp, denkt an die Kosten und meint, dies sei nicht notwendig. Der Stimmenanteil der PdL sei nicht gesunken. Der Parteivorstand beschließt, vor einer endgültigen Entscheidung eine Umfrage unter 200 Wählerinnen und Wählern durchzuführen. ... Bei der Umfrage haben 105 angegeben, PdL zu wählen. Würde diese Anzahl bei einer Irrtumswahrscheinlichkeit von 1 % zu einer Ablehnung der Hypothese des Schatzmeisters führen ?"

Lösungsskizzen (erwartete Schülerleistung) : „Die Umfrage kann als 200-stufiger Bernoulli-Versuch aufgefasst werden. Standpunkt von Bauer Piepenbrink : $p < 0{,}6$ (Hypothese H_1). Standpunkt von Bauer Grautebohnenkamp : $p = 0{,}6$ (Hypothese H_2). Es sei X die Anzahl der Personen, die PdL wählen. Für $n = 200$ und $p = 0{,}6$ folgt $\mu = 120$, $\sigma = \sqrt{200 \cdot 0{,}6 \cdot 0{,}4} = 6{,}926...$

Um H_1 zu bestätigen, wird die Hypothese $p \geq 0{,}6$ getestet. Bei einer Irrtumswahrscheinlichkeit von 1 % ergibt sich : $X < \mu - 2{,}33 \cdot \sigma \Rightarrow X < 103{,}85...$. $\Rightarrow$ Der Verwerfungsbereich der Hypothese $p \geq 0{,}6$ liegt bei $X \leq 104$.

Bei 105 Personen, welche die PdL wählen, kann diese Hypothese bei $\alpha = 1$ % nicht verworfen werden. Damit kann auch die Vermutung des Vorsitzenden nicht bestätigt werden."

Soweit Aufgabenstellung und Lösungsskizzen aus Hildebrand (2001). Da die erwarteten Lösungen von 2.3 und 2.4 für mich eine zu große Parallelität aufweisen, nur drillbare Standardroutinen enthalten und die große Bandbreite an Lösungsmöglichkeiten nicht deutlich machen, habe ich in einem Leserbrief (vgl. Wirths (2001a)) die folgenden Anregungen gegeben.

1.4.2 Mache Deinen eigenen Standpunkt deutlich

Stellen wir uns vor, Bauer Grautebohnenkamp hat in einem kleinen Kreis von Parteifreunden vor der entscheidenden Sitzung seine Ideen, insbesondere die Lösung aus den Lösungsskizzen von Aufgabe 2.4, vorgestellt. Bauer Piepenbrink berichtet seinem Sohn davon. „Und das lässt Du Dir gefallen", meint der Sohn, „hast Du denn gar keinen eigenen Standpunkt ? Lass Dich doch nicht mit solchen faulen Argumenten über den Tisch ziehen." „Was soll ich denn Deiner Meinung nach tun ?" „Gehe doch direkt auf die Argumente ein, aber sage deutlich, dass Du sie anders bewertest. Wenn 60 % weiterhin Eure Partei wählen, dann erwartet man im Mittel 120 Wähler bei 200 Befragten. Sag doch einfach, 105 seien Dir zu weit von den erwarteten 120 entfernt, so dass Du einen Stimmenanteil von 60 % für die PdL nicht mehr akzeptieren kannst, sondern weniger erwartest. Wenn sie dann weiter diskutieren wollen und Dir nicht zustimmen, dann bringst Du die Wahrscheinlichkeit, dass 105 von 200 Personen PdL wählen bei einem Stimmenanteil von exakt 60 %, ins Spiel. Sie beträgt nämlich nur ca. 1,8 %, und das ist Dir zu wenig. Lass Dich doch nicht auf die Diskussion mit der Irrtumswahrscheinlichkeit von 1% ein. Es versteht doch keiner von Euch, was das genau bedeutet. Und mit seiner Methode bestätigt er H_1 doch nicht, sie liefert nur keine Argumente, H_1 abzulehnen, und das ist etwas anderes als bestätigen. Grautebohnenkamp argumentiert doch, wie er will. Mal hat er eine Irrtumswahrscheinlichkeit von 1 %, mal eine von 5 % im Mund, immer passend, damit man seine Hypothese nicht ablehnen kann. Werte Du die Fakten selbständig nach Deinen Vorstellungen aus. Du gehst davon aus, dass weniger als 60 % PdL wählen werden. Schließlich hattet Ihr schon vorher Eure

Zweifel und habt deshalb die Befragung in Gang gesetzt. Das Ergebnis der Befragung stützt doch eher die Zweifel an den 60 % und ist kaum als Bestätigung für 60 % Wähler zu werten"

1.4.3 Warum klassisch testen, wenn es auch verständlicher geht ?

„Das klingt ja ganz gut. Aber ich gehe doch dann auch zunächst von 60 % Wählern aus und versuche, das zu widerlegen. Ich möchte aber von Anfang an einen eigenen Standpunkt vertreten und von einer geringeren Wählerbeteiligung ausgehen." „105 von 200 sind 52,5 %. Sag doch einfach, dass Du das Ergebnis der Umfrage als Schätzung für den zu erwartenden Wähleranteil der PdL nimmst. Dann gibt es zwei Hypothesen. H_1 lautet : "Der Wähleranteil beträgt 52,5 %." (Bauer Piepenbrink) sowie H_2 : „Der Wähleranteil ist 60 %." (Bauer Grautebohnenkamp). Stellen wir uns ein neutrales Schiedsgericht vor, das vor der Umfrage (a-priori) beide Hypothesen gleich bewertet. Dies wird in der ersten Stufe des Baumdiagramms dargestellt. Nun erfährt das Schiedsgericht, dass von 200 Personen 105 PdL wählen wollen. Wie es auf dieses Umfrageergebnis hin (a-posteriori) die beiden Hypothesen bewertet, wird nun dargestellt. Die Wahrscheinlichkeit P_1, dass von 200 Personen 105 PdL wählen, falls p = 0,525 gilt, ist : $P_1 = \binom{200}{105} \cdot 0{,}525^{105} \cdot 0{,}475^{95} \approx 0{,}056$. Entsprechend beträgt die Wahrscheinlichkeit P_2, dass 105 von 200 Personen PdL wählen, falls p = 0,6 gilt : $P_2 = \binom{200}{105} \cdot 0{,}6^{105} \cdot 0{,}4^{95} \approx 0{,}0056$. Im Baumdiagramm stelle ich Dir diese Situation dar : P_1 ist rund 10 mal so groß wie P_2. Es ist ein Ereignis („105 von 200 Personen wollen PdL wählen.") eingetreten mit der Wahrscheinlichkeit $0{,}5 \cdot P_1 + 0{,}5 \cdot P_2$. Der Pfad mit der Hypothese H_1 hat an dieser Wahrscheinlichkeit den Anteil $\frac{0{,}5 \cdot P_1}{0{,}5 \cdot P_1 + 0{,}5 \cdot P_2} = \frac{P_1}{P_1 + P_2} \approx 0{,}09$, der Pfad mit der Hypothese H_2 den Anteil $\frac{P_2}{P_1 + P_2} \approx 0{,}91$. Stellen wir uns eine Waage mit zwei Waagschalen vor. A-priori war die Waage im Gleichgewicht. A-posteriori liegt bei H_1 ein in etwa 9 mal größeres Gewicht als bei H_2. Es spricht 9 mal soviel dafür, dass p = 0,525 gilt als p = 0,6, spricht also neun Mal stärker für Deine Meinung als für die von Grautebohnenkamp."

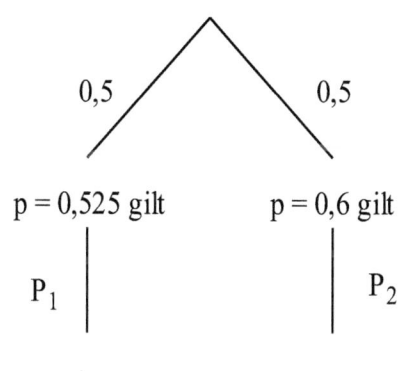

1.4.4 Variabel argumentiert sich besser

„Bei dieser Vorgehensweise kann man mir doch vorwerfen, meine Hypothese erst nach der Umfrage gebildet zu haben. Das möchte ich gern vermeiden." „Kein Problem. Dafür gibt es in der Mathematik ja Variablen. In der bisherigen Rechnung ersetzen wir 0,525 durch die Variable p. Wir interessieren uns für alle p mit $0{,}5 \leq p < 0{,}6$. Wir erhalten dann für die Wahrscheinlichkeit, mit der wir a-posteriori Deine Hypothese H_1 bewerten, den Term $P_1 =$

$$\frac{p^{105} \cdot (1-p)^{95}}{p^{105} \cdot (1-p)^{95} + 0{,}6^{105} \cdot 0{,}4^{95}} = \frac{\frac{1}{2}\binom{200}{105} \cdot p^{105} \cdot (1-p)^{95}}{\frac{1}{2}\binom{200}{105} \cdot p^{105} \cdot (1-p)^{95} + \frac{1}{2}\binom{200}{105} \cdot 0{,}6^{105} \cdot 0{,}4^{95}}$$ und für die

Wahrscheinlichkeit, mit der wir Grotebohnenkamps Hypothese H_2 bewerten, den Term $P_2 =$

$$\frac{0{,}6^{105} \cdot 0{,}4^{95}}{p^{105} \cdot (1-p)^{95} + 0{,}6^{105} \cdot 0{,}4^{95}} = \frac{\frac{1}{2} \cdot \binom{200}{105} \cdot 0{,}6^{105} \cdot 0{,}4^{95}}{\frac{1}{2} \cdot \binom{200}{105} \cdot p^{105} \cdot (1-p)^{95} + \frac{1}{2} \cdot \binom{200}{105} \cdot 0{,}6^{105} \cdot 0{,}4^{95}}.$$ Das sieht vielleicht unübersichtlich aus. Aber ich veranschauliche Dir das einmal mit meinem Taschenrechner." Nun holt Sohn Piepenbrink seinen grafikfähigen Taschenrechner und gibt den oben angegebenen Term P_1 bei y_1 ein. Allerdings muss er anstelle der Variablen p die Variable x benutzen, damit der Taschenrechner den Term korrekt interpretiert. Dann stellt er für x den Bereich zwischen 0,5 und 0,6 und für y den zwischen 0,4 und 1 ein. Außerdem lässt er sich eine Wertetabelle erstellen. Der Taschenrechner zeichnet den Graphen von y_1, der wie links abgebildet aussieht. Auf der waagerechten Achse wird die von Bauer Piepenbrink geschätzte Wahrscheinlichkeit p aufgetragen. Auf der dazu senkrechten Achse die Wahrscheinlichkeit P_1, dass von 200 Personen 105 die Partei PdL wählen wollen, wobei die Wahrscheinlichkeit, PdL wählen zu wollen, p beträgt. „Du siehst, im uns interessierenden Bereich $0{,}5 \leq p < 0{,}6$ ist die Wahrscheinlichkeit für Deine Hypothese H_1 immer größer, zum Teil erheblich größer als die für Hypothese H_2. Am besten fährst Du mit p = 0,525. Hier ist der Unterschied am größten.

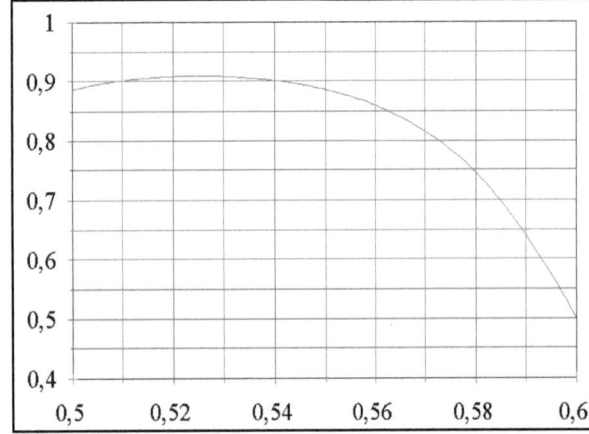

Aber wenn Du Dich dem Wert p = 0,6 näherst, dann rücken die beiden Wahrscheinlichkeiten für H_1 und H_2 immer näher aneinander. Also hüte Dich, zu nahe an 60 % heranzugehen."

1.4.6 Vertrauen ist gut, Vertrauensintervalle sind besser.

Bauer Piepenbrink hat sich zum Lesen der Tageszeitung zurückgezogen. Plötzlich stürmt sein Sohn ins Zimmer. „Ich habe eine noch schönere Argumentation für Dich gefunden. Wir haben gerade im Unterricht gelernt, 2σ-Umgebungen um den Mittelwert μ zu betrachten. Wir stellen uns einfach die Frage, welche Wahrscheinlichkeiten alle mit dem Umfrageergebnis, 105 von 200 Wählern wollen PdL wählen, mit sehr großer Wahrscheinlichkeit vereinbar sind." Dann zeigt er seinem Vater die Aufzeichnungen aus dem Mathematikunterricht und erklärt ihm anhand von Histogrammen den eben formulierten Ansatz. „Wir fragen uns, welche Wahrscheinlichkeiten $p \in \mathbb{R}$ mit $0 \leq p \leq 1$ die Ungleichung $|200 \cdot p - 105| \leq 2 \cdot \sqrt{200 \cdot p \cdot (1-p)}$ lösen.

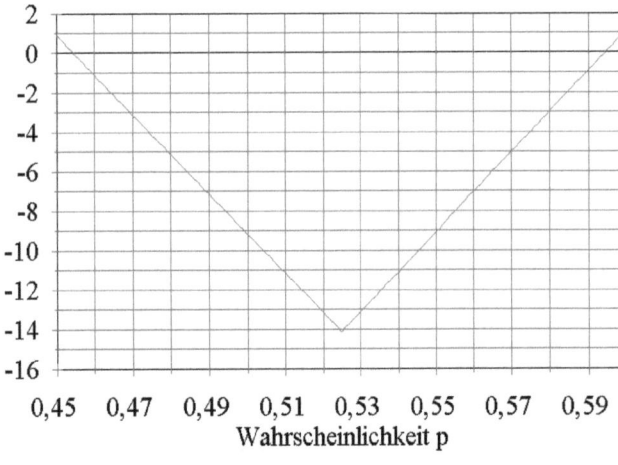

Aber keine Angst, wir rechnen das nicht aus. Ich zeige Dir die Ungleichung als Graphik mit dem Rechner. Wir suchen alle Wahrscheinlichkeiten p, für die der Graph von y_1 unterhalb der x-Achse verläuft. Damit der Rechner das richtig versteht, muss ich anstelle von p allerdings x eingeben." Anhand des Graphen (links abgebildet) und der im Taschenrechner eingebauten Routinen zur Nullstellenberechnung erhält Piepenbrink

Junior das Konfidenzintervall für p : 0,454582 ≤ p ≤ 0,594438.

„Siehst Du, ein Wähleranteil von 60 % liegt gar nicht im Konfidenzintervall, ist also fast unmöglich. Damit kannst Du Grautebohnenkamp gehörig einheizen." „Aber der redet doch immer so geschwollen mit seiner Irrtumswahrscheinlichkeit daher. Bei ihm dürfen es nie mehr als 5 % sein." „Kein Problem. Ich rechne Dir das für einige ausgewählte Wahrscheinlichkeiten aus dem Konfidenzintervall einmal aus. Und siehe da, in dieser Stichprobe ist es immer weniger als 5 %. Aber wenn ich den Rechner von Fickenfrerichs Heiner hätte, dann könnte ich Dir das auch graphisch für Wahrscheinlichkeiten aus dem Konfidenzintervall darstellen. Das sieht toll aus. Dann könntest Du sehen, dass das mit den 5 % in der Regel hinkommt und manchmal auch weniger als 4% ist. Aber lass Dich ja nicht auf eine kleinere Irrtumswahrscheinlichkeit ein; denn dann gehört 60 % zum Konfidenzintervall und Grautebohnenkamp fühlt sich bestätigt. Der Grautebohnenkamp argumentiert wie Du weißt mal so, mal so, wie es ihm gerade in den Kram passt, aber immer so, dass er mit seiner Meinung gut dasteht. Also nagle ihn vorher auf die 5 % fest." Und nach diesem Einsatz, viele gute Argumente für seinen Vater entwickelt zu haben, hofft der Junior, dass er bald auch den besseren Rechner bekommt; denn Bauer Piepenbrink achtet darauf, dass sein eigener Sohn nicht schlechter dasteht als Nachbarssohn Heiner.

Bauer Piepenbrink geht nach diesen Ausführungen zu Karl Stochast, dem Mathematiklehrer seines Sohnes. Als der ihm die Korrektheit aller Überlegungen bestätigt, muss Bauer Piepenbrink ihm gestehen, dass er jetzt überzeugt ist, dass sich die Anschaffung eines grafikfähigen Taschenrechners gelohnt hat. Ursprünglich hatte er nämlich vehement gegen diesen „neumodischen Kram" gewettert und für intensives Kopfrechnen plädiert.

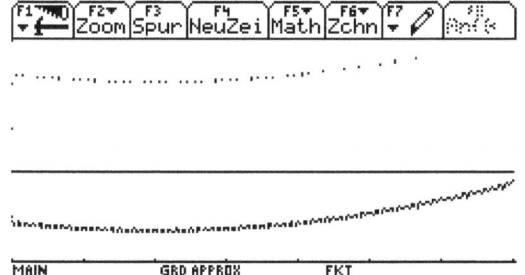

Und Karl Stochast lässt seinen graphikfähigen Taschenrechner, es ist der Typ, den auch Piepenbrink Junior gerne hätte, für alle Wahrscheinlichkeiten p des Konfidenzintervalls die zugehörigen Sicherheitswahrscheinlichkeiten der entsprechenden 2σ-Umgebungen um μ ausrechnen. Diese Zuordnung wird im linken Bild abgedruckt. Auf der x-Achse werden alle Wahrscheinlichkeiten p im Intervall I = [0,4; 0,65] dargestellt. Auf der y-Achse wird jedem p ∈ I die zugehörige Sicherheitswahrscheinlichkeit zugeordnet. Das Fenster zum Zeichnen wird auf y-Werte zwischen 0,945 und 0,965 eingestellt. Zusätzlich lässt Karl Stochast noch die Parallele zur x-Achse mit der Gleichung y = 0,955 einzeichnen. Denn die σ-Regeln besagen, dass zu jeder 2σ-Umgebung um μ eine Bereichswahrscheinlichkeit von in etwa 0,955 gehört. Die dargestellten Sicherheitswahrscheinlichkeiten schwanken um 0,955, ein Teil liegt darüber, ein Teil darunter. Aber an p = 0,575 liegen einige Sicherheitswahrscheinlichkeiten sogar noch unterhalb von 0,95, also unterhalb eines anderen für Sicherheitswahrscheinlichkeiten gern gewählten Niveaus. Karl Stochast kann zwar nicht für alle unendlich vielen Wahrscheinlichkeiten des Konfidenzintervalls die zugehörigen Sicherheitswahrscheinlichkeit ausrechnen. Doch ihm reicht die oben dargestellte endliche Stichprobe völlig aus. Er kann den Cursor seines Rechners einschalten und so den Graphen abtasten. Zusätzlich zu dieser zeichnerischen Möglichkeit kann Karl Stochast darüber hinaus noch alle ihn interessierenden (endlich vielen) Wertepaare studieren. Außerdem müssen wir bedenken, dass bei diesem Problem die Anzahl der abgegebenen gültigen Stimmen eine natürliche Zahl ist. Der Quotient aus der Zahl der für die PdL abgegebenen gültigen Stimmen und der Zahl der insgesamt abgegebenen gültigen Stimmen nimmt also nur endlich viele Werte an, insbesondere nur endlich viele, die im Konfidenzintervall liegen, selbst wenn wir alle nur denkbaren Wahlbeteiligungen durchspielen.

Und Karl Stochast macht sich Notizen. Er hat gutes Material für Klausur- und Abituraufgaben bekommen. Er formuliert folgende Ideen, wobei er die genaue Ausarbeitung von konkreten Arbeitsaufträgen auf einen späteren Termin verschiebt :

- Rede der Bauern Grautebohnenkamp und Piepenbrink vor Parteifreunden, in denen jeder seinen Standpunkt vertritt. Mit solchen Arbeitsaufträgen für Lernende, in denen es neben mathematischer Korrektheit auch um verständliche, nachvollziehbare und überzeugende Ausführungen geht, hat Karl Stochast gute Erfahrungen gemacht.
- Stochast kennt seine Querköpfe im Gemeinderat. Wenn sie sich nicht auf eine a-priori Verteilung von 0,5 / 0,5 einlassen, sondern ihre eigene Meinung erheblich höher einschätzen als die des Gegners ?
- Und wenn einer der beiden gar nur seine eigene Meinung gelten lässt ?
- Die Terme P_1 und P_2 sind nur für $0 \leq p \leq 1$ und $p \neq 0,6$ definiert. Sollte man für $p = 0,6$ einen Wert definieren, wenn ja, welchen ?
- Kann man das Verfahren bei $p = 0$, $p = 1$ sowie $p = 0,6$ überhaupt anwenden ?

1.4.5 Zum guten Schluss

Die für den hier vorgestellten Alternativtest nach Bayes benötigten Pfadregeln werden bereits sehr früh im Unterricht der Sekundarstufe I behandelt. Der zum Alternativtest nach Bayes benötigte anschauliche Satz von Bayes kann daran anschließend behandelt werden. Eine Erarbeitung der hier vorgestellten Sichtweise im Umgang mit dem Satz von Bayes beim Alternativtest ist schon in Klasse 8 oder 9 als konsequente Fortsetzung der bis dahin erarbeiteten Stochastikinhalte möglich. Erfahrungen zeigen, dass dies machbar ist, und dass den Lernenden dann auch die Fragen beantwortet werden, die ihnen der klassische Alternativtest nicht beantworten kann. Man vermeidet so auch die in der didaktischen Literatur diskutierten Irritationen, Entwicklung von Fehlvorstellungen und andere Probleme des klassischen Testens. Eine Erweiterung über die Betrachtung von Bereichswahrscheinlichkeiten von $t \cdot \sigma$-Umgebungen um den Mittelwert μ, wie sie in den Lösungsskizzen in Hildebrand (2001) und in Abschnitt 1.4.5 vorgenommen wird, bleibt der gymnasialen Oberstufe vorbehalten. Vielleicht wird eines Tages die Bitte aus meinem Leserbrief in Erfüllung gehen, in veröffentlichten Abituraufgaben bei dem hier angesprochenen Problemkomplex die große Bandbreite an Lösungs- und Interpretationsmöglichkeiten zu finden. Wie notwendig dies ist, zeigt ein Blick in aktuell gestellte Stochastikaufgaben, in denen die schlechten Musterbeispiele (siehe auch Kapitel 1.3) leider häufig noch sehr prägend wirken und sogar bis in die Fehler gedankenlos übernommen werden.

Am Beispiel dieser in 1.4 behandelten Aufgabe kann ich gut darstellen, welche verschiedenen Möglichkeiten uns ein leistungsfähiges elektronisches Rechensystem bei diesem Problemfeld eröffnet, Möglichkeiten, die wir ohne dieses System nicht hätten, auf die ein Unterricht früher leider verzichten musste :

1. Es dient als einfacher Taschenrechner (TR) zum Berechnen des Radius r der $r \cdot \sigma$-Umgebung um den Mittelwert μ und der Standardabweichung σ.
   Wir lernen, dass wir uns einen klassischen Alternativtest mit seinen haarigen Interpretationsproblemen ersparen können.

2. Es dient als Taschenrechner, der erheblich mehr Möglichkeiten als ein herkömmlicher wissenschaftlicher TR hat, beim Auswerten von Alternativtests nach Bayes.

Wir sehen, dass man beim Testen nach Bayes die Wahrscheinlichkeit von Hypothesen berechnen kann, und berechnen diese mit dem Hilfsmittel.

3. Es dient uns als graphikfähiger Taschenrechner (gTR) beim Visualieren von komplizierten Termen

    a. beim Testen nach Bayes,

    b. beim Bestimmen von Konfidenzintervallen,

    c. beim Plotten von Sicherheitswahrscheinlichkeiten.

    Wir bekommen genügend Futter für Diskussionen und Entscheidungen.

4. Es dient wie ein Computeralgebra-Taschencomputer (CA-TC) beim Berechnen von Konfidenzintervallen.

    Das CA-System sollte so leistungsfähig sein, dass bei Ungleichung-Fans Freude aufkommt, weil die bei diesen Rechnungen vorkommenden Betragsungleichungen sowohl graphisch als auch algebraisch gelöst werden können.

5. Es dient wie ein Graphik-Taschencomputer (GTC), der uns nach dem bekannten Satz von Hans Schupp zwingt, über die Darstellung des Rechners und mathematische Grundlagen nachzudenken. Hier liefert uns ein GTC vielfältiges Material und Anregungen für weitere interessante Überlegungen bis hin zu Forschungen.

1.5. Abschluss

Zur Erstellung von Aufgaben für Lernkontrollen bis hin zur abiturvorbereitenden Klausur oder für Schülerreferate existiert eine umfangreiche Literatur, der man auch Anregungen zu Stochastikaufgaben entnehmen kann. Neben den einschlägigen Aufgabensammlungen sei für schriftliche Arbeiten besonders auf Beiträge zum dezentralen schriftlichen Abitur wie von Pape (1993), von Pape/Wirths (1993) sowie Wirths (1992), für das mündliche Abitur auf Althoff/-Koller (1992) und Wirths (1993a) verwiesen. In diesen Beiträgen sind nicht nur Aufgaben, sondern wesentlich auch Informationen und Erfahrungen zum Erstellen von Aufgaben und zum Gestalten von Abiturprüfungen enthalten. Als weitere Beispiele seien die Aufgaben „Wochenendfahrten", „Ein Glücksspielautomat" sowie „Der Einfluss einer fest entschlossenen Minderheit" aus Wirths (2019) genannt.

2. Die Geburt der Stochastik

Zusammenfassung : Wer versucht, Geschichte der Mathematik in den Unterricht mit einzubeziehen, trifft meist auf reges Interesse bei Lernenden. In diesem Aufsatz wird Material dargestellt, das im Zusammenhang mit der Frage nach den Anfängen der Stochastik als selbständiges Gebiet innerhalb der Mathematik zusammengestellt wurde. Der Beitrag gliedert sich nach Fragen, die von Lernenden häufig gestellt werden :
- Welche Personen waren beteiligt ?
- Welche Probleme wurden damals diskutiert ?
- Worin bestand das Neuartige ?
- Warum setzt man die Geburt der Stochastik im Jahr 1654 an ? Gab es vorher keine Stochastik oder kein stochastisches Denken ?

Dieser Beitrag ist eine überarbeitete und erweiterte Fassung des in Heft 3/1999 der Zeitschrift „Stochastik in der Schule" abgedruckten Aufsatzes.

2.1. Die beteiligten Personen

Eine sehr kurze Beschreibung über die Geburt der Stochastik gibt der französische Mathematiker Simeon Denis Poisson. Er schreibt 1837 im Vorwort seines Buchs „Recherches sur la probabilité des jugesments en matière criminelle et en matière civile, précédées des règles générales du calcul des probabilités" auf Seite 1 : „Ein aus Glücksspielen stammendes Problem, das einem strengen Jansenisten[1] von einem Weltmann unterbreitet wurde, war der Ursprung der Wahrscheinlichkeitsrechnung." Im Titel des Buchs von Poisson wird deutlich, in welche Richtung sich die Stochastik aus den Problemen über Glücksspiele heraus in fast 200 Jahren entwickelt hat, bei Poisson sind es Überlegungen über die Anwendung der Wahrscheinlichkeitsrechnung auf das Straf- und das Zivilrecht. Vielleicht haben Lesende inzwischen auch schon eine Vermutung, wer mit der Charakterisierung Jansenist gemeint ist, und um wen es sich bei dem Weltmann handelt.

Um weiteren Aufschluss zu erhalten, lassen wir mit Leibniz einen Zeitzeugen von damals zu Wort kommen : „Chevalier de Méré, ... , ein Mann von durchdringendem Verstand, der sowohl Spieler als auch Philosoph war, gab den Mathematikern den Anstoß durch Fragen über Wetten. Sie sollten herausfinden, wie viel ein Spieleinsatz wert ist, falls das Spiel in einem bestimmten Stadium während seiner Durchführung abgebrochen würde. Er veranlasste seinen Freund Pascal, diesen Sachverhalt zu untersuchen. Die Frage erregte Aufsehen und führte Huygens dazu, seine Abhandlung über das Würfelspiel (De Aleae) zu schreiben. Andere Gelehrte ließen sich ebenfalls darauf ein. Man stellte einige Prinzipien auf. Ratspensionär de Witt benutzte sie in seinem Büchlein über Renten, das in Holländisch gedruckt wurde."[2] Leibniz hatte bei seinem Parisaufenthalt von 1572 bis 1576 alle Beteiligten mit Ausnahme von Pascal, der bereits verstorben war, kennengelernt. Pascals Schriften konnte er bei dessen Schwester studieren. Er hatte außerdem mit Mitgliedern der Gesprächsrunde um den Herzog von Roannez, die auch die im Zitat angesprochene Frage diskutiert hatten, Kontakt, der über den Parisaufenthalt hinaus erhalten blieb und in Briefen zum Beispiel an Herrn des Billettes überliefert ist. Im letzten Satz des Zitats spricht Leibniz einen Aspekt seines eigenen Interesses an Stochastik an : die Anwendungen von Wahrscheinlichkeitsrechnung und Statistik. Ausgangspunkt war die Aufforderung von Artus Gouffier Duc de Roannez, die jährliche Sterberate zu berechnen, wenn

---

[1] Zu weiteren Informationen siehe Anmerkung 1
[2] Die philosophischen Schriften von G. W. Leibniz", herausgegeben von C. I. Gerhard, Berlin 1875 - 1890, Band V, S. 447

bekannt ist, dass von 64 Menschen 36 im Verlaufe von 10 Jahren verstorben sind.[3] Die Arbeiten von Johan de Witt über Renten, John Graunt über Demographie und Sir William Petty über politische Arithmetik greifen einen solchen Impuls auf. Damit werden Grundlagen für weitere Anwendungen der Stochastik gelegt. Im Zitat von Leibniz werden direkt Beteiligte, aber auch schon Personen, die Probleme wie Lösungen aufgreifen und darauf aufbauen, deutlich : Chevalier de Méré, Blaise Pascal und sein Briefpartner Pierre de Fermat, Christiaan Huygens, Johan de Witt und nicht zuletzt Gottfried Wilhelm Leibniz. Waren sie sich damals bewusst, die Entstehung eines neuen Gebiets erlebt oder aus der Taufe gehoben zu haben ? Lassen wir drei der unmittelbar beteiligten Personen zu Wort kommen : Pascal, de Méré und Huygens.

Pascal kündigte 1654 der damals privaten Pariser Akademie[4], in einem in lateinischer Sprache abgefassten Schreiben an die „Celeberima Matheseos Academia Parisiensis", seine weiteren Pläne an, darunter „eine völlig neue Abhandlung über ein bis heute absolut unerforschtes Gebiet, nämlich der Aufteilung der Chancen in Spielen, die dem Zufall unterworfen sind. ... Und gerade hier muss man um so mehr durch Rechnung untersuchen, je weniger man Aufschluss durch Experimente erhält. Billigerweise sind nämlich die Ergebnisse eines ungewissen Geschehens mehr dem Eintreten durch Zufall als einer naturgegebenen Notwendigkeit zuzuschreiben. Deswegen irrte bis heute dieses Gebiet unentschieden umher; jetzt aber konnte es, das der Erfahrung gegenüber so widerspenstig war, dem Reich des klaren Denkens nicht mehr entfliehen. Wir haben es mit solcher Sicherheit mittels der Mathematik zu einer exakten Wissenschaft gemacht, dass diese, teilhabend an der Genauigkeit jener, schon kühne Fortschritte macht; sie verbindet die Strenge der mathematischen Beweisführung mit der Ungewissheit des Zufalls, wodurch sie scheinbar Gegensätzliches vereinigt, und nimmt so, sich nach beiden nennend, mit Recht einen staunen erregenden Namen an: Mathematik des Zufalls."[5] Bei der angekündigten Abhandlung handelt es sich um den „Traité du triangle arithmétique". In der Nacht vom 23. auf den 14.11.1654 erlebte Pascal seine zweite mystische Erweckung; er lässt sein bereits gedrucktes Traktat nicht mehr ausliefern und zieht sich nach Port Royal zurück. Der „Traité du triangle arithmétique" erschien erst 1665 nach Pascals Tod.

Der Chevalier de Méré schrieb an Pascal : „Sie wissen, dass ich Dinge in der Mathematik entdeckt habe, die so ausgefallen sind, dass sie die Gelehrten der Antike nicht diskutiert haben, und die die heutigen Mathematiker in Europa überrascht haben. Sie haben über meine Entdeckungen geschrieben, ebenso Huygens, Fermat und viele andere, die sie bewundert haben." Dies Zitat kann die Phantasie zu Vermutungen über die Ursache solch einer Äußerung anregen. Interessant ist die Reaktion von Leibniz, der in einem Brief an Herrn des Billettes meint : „Ich habe gelacht über die Anmaßung des Chevalier de Méré in seinem Brief an Pascal."[6]

Christiaan Huygens hörte zwar 1656 anlässlich seines ersten Aufenthalts in Paris vom Briefwechsel zwischen Pascal und Fermat, konnte aber über die von beiden benutzten Methoden nichts in Erfahrung bringen.[7] „Diese hielten jede ihrer Methoden so sehr geheim, dass ich die gesamte Materie von den Anfangsgründen an selbst entwickeln musste." So steht es im Brief vom 28.9.1657 an seinen Lehrer Frans van Schooten. Huygens erarbeitete sich über den von ihm mit Hilfe des Prinzips der fairen Wette, das schon Cardano geläufig war, begründeten Begriffs des Erwartungswerts einen Zugang zur Behandlung zufälliger Ereignisse. Der aus

---

[3] Nach Hecht (1992), S. 73
[4] Ich folge hier Haller (1988), S. 266/7 und Ineichen (1996), S. 144
[5] Siehe Anmerkung 2
[6] Nach Ian Hacking (1975), S. 61
[7] Ich folge hier Haller (1988), S. 267 und Schneider (1988), S. 3/4

diesen Arbeiten entstandene Aufsatz „Tractatus de ratiociniis in ludo aleae" wurde 1657 als Anhang zu den „Exercitationum Mathematicarum Libri Quinque" von Frans van Schooten veröffentlicht, der auch für die lateinische Übersetzung des von Huygens in holländischer Sprache geschriebenen Manuskripts verantwortlich war. Welche Bedeutung Huygens diesem neuen Gebiet zumisst, geht aus seinen Einführungsbemerkungen hervor : „Ich zweifle auf keinen Fall daran, dass derjenige, der tiefer das von uns Dargebotene zu untersuchen beginnt, sofort entdecken wird, dass es sich hier nicht, wie es scheint, um Spiel und Kurzweil geht, sondern die Grundlagen für eine schöne und überaus tiefe Theorie entwickelt werden." Aber für Huygens war diese neue Theorie Teil der Algebra.[8] 1656 schrieb er in einem Brief an Herrn Carcavi, der ihm den brieflichen Kontakt zu Pascal und Fermat vermittelt hatte, dass er sich bei allen Glücksspielproblemen seines Satzes zur Bestimmung des Erwartungswertes und der Algebra zur Lösung bediene. In seinem Brief an van Schooten, der als Einführung seinem Traktat vorangestellt wurde, wird er deutlicher : „Mein Herr, nachdem ich weiß, dass Sie bei der Veröffentlichung der löblichen Früchte Ihrer Einsicht und Ihrer Arbeit unter anderem dieses Ziel haben, nämlich, durch die Verschiedenheit der behandelten Gebiete zu betonen, wie weit sich unsere außerordentliche Kunst der Algebra erstreckt, zweifle ich auch nicht daran, dass die vorliegende Schrift über die Glücksspielrechnung Ihrem Ziel dienen könnte."

Zwei gegensätzliche Ansichten über die Zuordnung der damals neuen Glücksspielrechnung : die von Pascal und die von Huygens. Jede vom Standpunkt ihres Vertreters her einleuchtend. Während der Algorithmus zur Berechnung des Erwartungswerts für sich genommen auch heute noch als algebraisches Element in der Stochastik angesehen werden kann, taucht mit dem Pascalschen Weg tatsächlich eine neue Denkweise auf, die nun dargestellt werden soll.

Zum Abschluss ein Zitat, das zeigt, wie man die Rolle des Chevalier de Méré auch in Auseinandersetzungen einbeziehen kann : „Der Chevalier de Méré darf, wie ich glaube, allen Widersachern der exakten Forschung, und es gibt deren zu jeder Zeit und überall, als ein warnendes Beispiel hingestellt werden; denn es kann auch diesen leicht begegnen, dass genau an jener Stelle, wo sie der Wissenschaft die tödliche Wunde zu geben suchen, ein neuer Zweig derselben, schöner, wenn möglich, und zukunftsreicher als alle früheren, rasch vor ihren Augen aufblüht - wie die Wahrscheinlichkeitsrechnung vor den Augen des Chevalier de Méré.", so Georg Cantor 1873 in einem Vortrag über die Geschichte der Wahrscheinlichkeitsrechnung gehalten vor der Naturforschenden Gesellschaft in Halle.[9] Und wer an Cantors Bemühungen um Anerkennung der Mengenlehre und an seinen Konflikt mit Leopold Kronecker, den er in Briefen als seinen „Herrn von Méré" bezeichnet, denkt, kann die Anspielung in Cantors Rede wohl deuten. Cantors Anspielung auf die tödliche Wunde wird nach Lektüre des nächsten Abschnitts 2.2.1 verständlich werden.

2.2. Die beiden Probleme
Mit der Behandlung von zwei Problemen wurde im Briefwechsel zwischen Pascal und Fermat stochastisches Denken entfaltet : das Problem der Würfel (le problème des dés) und die Frage nach der Gewinnaufteilung nach Spielabbruch (le problème des partis).

2.2.1 Le problème des dés
Pascal schreibt am Mittwoch, den 29. Juli 1654 an Fermat in seinem Brief, mit dem der Beginn der Stochastik als selbständiges Gebiet verbunden wird :[10] „Ich habe nicht die Zeit, Ihnen eine

---
[8] Ich folge hier Ivo Schneider in Scholz (1990), S. 243
[9] Herbert Meschkowski (1968), S. 13
[10] Siehe bei Ivo Schneider (1988), S. 30

Schwierigkeit zu erläutern, die M... <de Méré> sehr befremdete, denn er ist ein sehr tüchtiger Kopf, aber er ist kein Mathematiker (das ist, wie Sie wissen, ein großer Mangel), und er begreift nicht einmal, dass eine mathematische Linie bis ins Unendliche reicht, und ist zutiefst davon überzeugt, dass sie sich aus einer endlichen Zahl von Punkten zusammensetzt; ich habe ihn niemals davon abbringen können. Wenn Sie das zustande brächten, würden Sie ihn vollkommen machen. Er sagte mir also, dass er aus folgendem Grund einen Fehler in den Zahlen gefunden habe : Wenn man versucht, mit einem Würfel eine Sechs zu werfen, dann ist es von Vorteil, dies mit 4 Würfen zu tun, und zwar wie 671 zu 625. Wenn man versucht, mit 2 Würfeln eine Doppelsechs zu werfen, ist es von Nachteil, dies mit 24 Würfen zu tun. Dennoch verhält sich 24 zu 36 (was die Anzahl der Ergebnisse von zwei Würfeln ist) wie 4 zu 6 (was die Anzahl der Ergebnisse eines Würfels ist). Das ist es, woran er so großen Anstoß nahm und was ihn dazu veranlasste, öffentlich zu behaupten, dass die Aussagen der Mathematik unsicher seien, und dass die Arithmetik sich widerspreche. Aber Sie werden den Grund dafür sehr leicht verstehen mit Hilfe der Prinzipien, auf denen Sie aufbauen." Székely bezeichnet daher dieses Problem als „Paradoxon von de Méré".[11] Interessant ist Pascals Charakterisierung eines tüchtigen Kopfs, der kein Mathematiker ist. Aber nun zum eigentlichen Problem :

für 1 Würfel	für 2 Würfel	Allgemein
$1 - \left(\frac{5}{6}\right)^n > 0{,}5$	$1 - \left(\frac{35}{36}\right)^n > 0{,}5$	
$\left(\frac{5}{6}\right)^n < 0{,}5$	$\left(\frac{35}{36}\right)^n < 0{,}5$	$(1-p)^n < 0{,}5$
$n > \dfrac{\ln 0{,}5}{\ln \frac{5}{6}}$	$n > \dfrac{\ln 0{,}5}{\ln \frac{35}{36}}$	$n > \dfrac{\ln 0{,}5}{\ln (1-p)}$
$n > 3{,}8...$	$n > 24{,}6...$	

Stellen wir uns vor, ich wette auf das Eintreten einer „6 beim Würfeln mit 1 Würfel" oder im anderen Fall auf das Eintreten einer „Doppelsechs beim Werfen mit 2 Würfeln". Dies sei das Ereignis E. Jemand anderes wettet auf das Eintreten des jeweiligen Gegenereignisses $\overline{E}$. Für mich ist die Wette von Vorteil, wenn meine Gewinnwahrscheinlichkeit P(E) größer als die Gewinnwahrscheinlichkeit P($\overline{E}$) meines Gegners ist. Es muss also P(E) > P($\overline{E}$) oder äquivalent umgeformt P(E) > 0,5 sein. Die Frage von de Méré übersetze ich in unsere aktuelle Fachsprache „Wie oft muss ich mindestens würfeln, damit meine Gewinnwahrscheinlichkeit P(E) größer als 0,5 ist." Dabei würfle ich im ersten Fall mit 1 Würfel und erhalte bei jedem Versuch mit der Wahrscheinlichkeit $p = \frac{1}{6}$ eine „6". Im zweiten Fall würfle ich mit 2 Würfeln und erreiche bei jedem Versuch mit der Wahrscheinlichkeit $p = \frac{1}{36}$ eine Doppelsechs. Das für mich günstige Ereignis E beschreibe ich im ersten Fall durch „Nach n Würfen habe ich wenigstens einmal eine 6 erhalten." und im zweiten Fall durch „Nach n Versuchen habe ich wenigstens einmal eine Doppelsechs bekommen." Entsprechend gilt für das für mich ungünstige Gegenereignis $\overline{E}$ „Nach n Versuchen habe ich keinmal eine 6 erzielt." sowie „Nach n Versuchen habe ich keinmal eine Doppelsechs bekommen." Ich erhalte unter Benutzung des Zusammenhangs P(E)

---

[11] Siehe bei Székely (1990), S. 14/18

= 1 - P($\bar{E}$) die auf der vorigen Seite abgedruckte Tabelle.

Die kritische Zahl für die Wette mit 1 Würfel und dem Erwarten mindestens einer „6" in n Versuchen lautet also 4, die kritische Zahl für die Wette mit 2 Würfeln und dem Erwarten mindestens einer Doppelsechs in n Versuchen lautet 25. Ist die vereinbarte Zahl an Versuchen größer oder gleich dieser kritischen Zahl, dann ist die Wette auf das Ereignis E günstig, sonst ist sie ungünstig. Die Arithmetik widerspricht (dementiert) sich, so empfindet es Chevalier de Méré. Dies ist die „tödliche Wunde", von der Cantor gesprochen hat. Skékely führt eine „Proportionalitätsregel der kritischen Zahlen" an. Nach dieser Regel sollte zu einem Sechstel der Wahrscheinlichkeit das Sechsfache der kritischen Zahl gehören. Der Chevalier denkt in solchen Proportionalitäten. Er konnte nicht verstehen, weshalb die tatsächlichen kritischen Zahlen der beiden Wetten nicht in Einklang mit der Proportionalitätsregel stehen.[12] „Ich habe einige Personen die <Lösungsmethode> für die Würfel finden sehen, wie Herrn de Méré, der mir übrigens diese Probleme vorgelegt hat, und auch Herrn de Roberval," schreibt Pascal in seinem Brief vom 29. Juli 1654 an Fermat. Die Lösung dieses ersten Problems scheint weniger bekannt geworden zu sein als die des zweiten.[13] Im Zitat von Leibniz aus Abschnitt 2 wird nur das zweite Problem erwähnt.

2.2.2 Le problème des partis

„Aber Herr de Méré hat niemals den richtigen Wert beim Spielabbruch und auch keinen Ansatz, um dahin zu gelangen, finden können, so dass ich mich für den einzigen hielt, dem dieses Verhältnis bekannt war", fährt Pascal im soeben erwähnten Brief vom 29. Juli 1654 an Pierre de Fermat fort. Pascal und Fermat haben unabhängig voneinander die Lösung des Problems der Gewinnverteilung nach Spielabbruch gefunden und einander mitgeteilt. Dieses Problem, auch „force majeure" oder „problème des points" in der Literatur genannt, kann folgendermaßen formuliert werden :

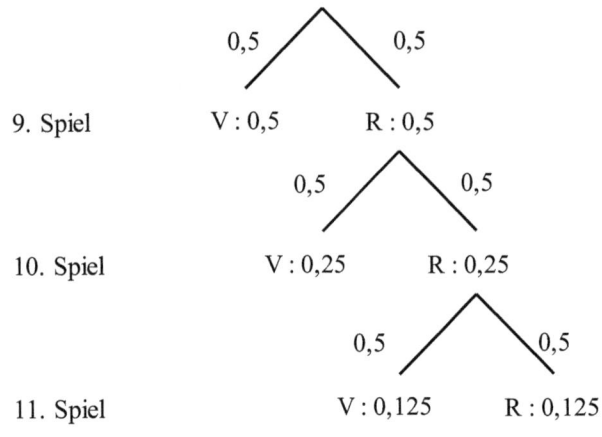

Zwei Personen spielen eine Reihe von Spielen, in denen es kein Unentschieden, nur den Sieg eines der beiden Spieler gibt. Beide haben bei jedem Spiel gleiche Chancen auf den Gewinn. Sie vereinbaren, dass derjenige, der zuerst eine bestimmte Anzahl k dieses Spiels gewinnt, Gewinner der Partie ist und den gesamten Einsatz erhält. Stellen wir uns vor, dass die Partie beim Stand von a:b abgebrochen werden muss, bevor einer der beiden Spieler k Gewinne hat. Wie soll beim Abbruch der gesamte Einsatz auf die beiden Spieler verteilt werden ?

Stellen wir uns vor, dass 6 Gewinnpartien vereinbart worden sind und es 5:3 beim Abbruch steht. Pascal und Fermat denken sich die Partie nach den bereits ausgeführten 8 Spielen mit 3 weiteren Spielen fortgesetzt. Spätestens nach diesen 3 Spielen fällt die Entscheidung über den Sieger. Die Prämie soll im Verhältnis der Chancen auf den Gewinn der Partie aufgeteilt werden. Wir stellen die Situation in einem Baumdiagramm dar. Die Gewinnwahrscheinlichkeit für den

---

12 Weitere Informationen in Anmerkung 3.
13 Weitere Informationen in Anmerkung 4.

zurückliegenden Spieler (R) beträgt 0,125 = $\frac{1}{8}$, für den führenden Spieler (V) 0,875 = $\frac{7}{8}$. Die Prämie muss also im Verhältnis 7:1 für den mit 5:3 führenden Spieler V aufgeteilt werden.

Dem Herzog von Roannez werden weitere Aufgaben zugeschrieben, die in seinem Gesprächskreis diskutiert wurden. Auch mit ihrer Behandlung wurden die Grundlagen für stochastisches Denken gelegt. Eine Aufgabe habe ich in Abschnitt 2.1 erwähnt. Aber vor allem mit der Lösung des Problems der Gewinnverteilung nach Spielabbruch wird die Geburt der Stochastik verbunden. Hier beginnt ein Denken in neuen, noch nicht vorgezeichneten Bahnen.

2.3 Zur Vorgeschichte

In Abschnitt 2.2 wurden die Lösungen der Probleme mit Darstellungsmöglichkeiten unserer Zeit vorgestellt. Damals waren weder die Darstellung mehrstufiger Zufallsversuche in Baumdiagrammen noch die Regeln zur Berechnung von Ereigniswahrscheinlichkeiten bekannt, geschweige denn gab es eine Vorstellung von Wahrscheinlichkeit in unserem Sinn. Auch waren diese Probleme nicht neu. Lösungen wurden bereits vorher diskutiert. Das wird nun dargestellt.

2.3.1 Le problème des dés

Betrachten wir zuerst den Fall, dass man mit einem Würfel würfelt. Das für den Spieler günstige Ereignis E sei das Werfen einer „6". Die Frage lautet : „Wie oft muss ich mindestens würfeln, damit eine Wette auf das Ereignis E aussichtsreicher ist als eine auf das Gegenereignis $\overline{E}$?". Dies kann man aus dem Verhältnis der Anzahl der für den Spieler günstigen und der für ihn ungünstigen Spiele erkennen. Dieser Sachverhalt wird in der folgenden Tabelle dargestellt :

Anzahl Würfe	günstig	ungünstig	alle Möglichkeiten
1	1	5	6
2	11	25	36
3	91	125	216
4	671	625	1296

Dem Kanzler der Kathedrale von Amiens, Richard de Fournival (1201 - 1260), wird das Gedicht „De Vetula" zugeschrieben.[14] Dieses Gedicht wurde anonym veröffentlicht. Es handelt sich um die erste umfassende mathematische Behandlung von Würfelspielen. In einer fingierten Autobiographie von Ovid, den Autor nennt man daher auch Pseudo-Ovidius, werden die Probleme und deren Resultate in lateinischen Hexametern angegeben. In dieser Schrift sind alle 216 Möglichkeiten, die beim Würfeln von 3 Würfeln entstehen, aufgeführt. Auch der interessierte Laie kann durch einfaches Abzählen 91 für unsere Wette günstige und 125 ungünstige Möglichkeiten bestimmen.

1559 behandelte der Mönch Jean Buteo (1492 - 1572) in seiner Schrift „Logistica"[15], die um 1560 erschienen ist, Kombinationsschlösser und zeigt, „was bisher noch niemand angepackt hat", dass sich die natürlichen Zahlen von 1 bis 6 auf genau 6·6·6·6 = 1296 Arten kombinieren lassen. Er stellt alle Kombinationen in einer Tabelle dar. Auch hier kann der interessierte Laie durch einfaches Abzählen 671 für unsere Wette günstige und 625 ungünstige Möglichkeiten ermitteln.

---

[14] Siehe bei Barth/Haller (1984), S. 72 und Ineichen (1996), S. 55
[15] Siehe auch bei Barth/Haller (1984), S. 72

Es gibt eine zweite elementare Lösungsstrategie für das Bestimmen der Chancen bei einer solchen Wette : Es gibt insgesamt 6^n Möglichkeiten, davon sind $6^n - 5^n$ für die Wette günstig und 5^n ungünstig. „Von welcher natürlichen Zahl n an ist $6^n - 5^n > 5^n$?", lautet also die Frage. Diese Strategie ist für die Bestimmung einer Lösung bei der Wette zum Würfeln mit 2 Würfeln und dem Erwarten einer Doppelsechs von Bedeutung : Hier gibt es bei n Versuchen 36^n Möglichkeiten, davon sind $36^n - 35^n$ für die Wette günstig und 35^n ungünstig. Hier lautet nun die Frage : „Von welcher natürlichen Zahl n an ist $36^n - 35^n > 35^n$?" Es ist P(E) = 0,491 für n = 24, während P(E) = 0,505 für n = 25 gilt. Möchte man nachvollziehen, wie die Lösung dieser Ungleichung ohne Benutzung eines Taschenrechners oder eines CA-Systems ermittelt worden ist, muss man berücksichtigen, dass Logarithmen seit 1614 in den Tafeln von John Napier (Neper) 7-stellig und in den Tafeln von Henri Briggs 14-stellig gedruckt vorlagen, zur Zeit von Pascal und Fermat also bereits bekannt waren.

2.3.2 Le problème des partis

Auch dieses Problem ist schon vor 1654 bekannt gewesen. In einem vermutlich um 1380 geschriebenen Manuskript[16], aufbewahrt in der Nationalbibliothek zu Florenz, findet sich die Lösung eines Spezialfalls des Teilungsproblems, mit den Mitteln der cossistischen Algebra[17] erzielt. Ein Auszug wird im Anhang als Dokument 1 abgedruckt. Der Lösungsansatz stützt sich auf das Prinzip, dass der mögliche Zugewinn für jeden der beiden beteiligten Spieler im Falle eines Einzelspielgewinns gleich sein muss. Im Anfangsteil des Manuskripts wird eine Gleichung unter Verwendung einer Variablen aufgestellt. Im Schlussteil wird diese Gleichung mit anschaulich beschriebenen Umformungsregeln aufgelöst, wobei man als Lösung sogar einen Bruch erhält. Leider steht diesen Vorzügen auch eine große Schwäche entgegen : Im Mittelteil werden offensichtlich die Spieler verwechselt. Aber auch nach Korrektur ist die Argumentation des Mittelteils schwer in Einklang mit der in den anderen Teilen des Manuskripts zu bringen.

Die zweite uns überlieferte Lösung stammt von Fra Luca Pacioli und ist sehr bekannt geworden. In der Anlage wird ein Auszug als Dokument 2 abgedruckt. „Er teilte einfach die Einsätze im Verhältnis der von den beteiligten Parteien gewonnenen Einzelspiele auf. Das entsprach der Aufteilung von Gewinn und Verlust im Verhältnis der Anteile der zu einer Handelskompagnie gehörenden Kaufleute. Jedoch blieb dabei die später als entscheidend erkannte jeweilige Anzahl der zum Gesamtgewinn noch erforderlichen Spiele unberücksichtigt. Daher wurde seine Lösung im 16. Jahrhundert als dem gesunden Menschenverstand widersprechend diffamiert."[18]

Geronimo Cardano und Nicolò Tartaglia waren es, die die Lösung von Fra Luca Pacioli kritisierten. Cardano war ein leidenschaftlicher Spieler. Er schrieb 1563 das wohl älteste Buch über Wahrscheinlichkeitsrechnung „De ludo aleae", das aber erst 1663 in Lyon gedruckt wurde. Seine Kritik an Pacioli wurde aber bereits 1539 in Mailand veröffentlicht. Ein Auszug daraus wird als Dokument 3 in der Anlage vorgestellt. Für Cardano war nur noch die Anzahl der zum Gewinn erforderlichen Spiele interessant. Sein Lösungsansatz wird in Dokument 4 in der Anlage abgedruckt, eine ausführliche Kommentierung der Cardanoschen Lösung findet man bei Scholz (1990) auf Seite 239.

Nicolò Tartaglia kennt man nur unter seinem Spitznamen „Tartaglia - der Stotterer", sein richtiger Nachname war vermutlich Fontana. Tartaglia gibt den Anspruch auf eine mathematische

---

[16] Eine Übersetzung findet man bei Schneider (1988), S. 9/10
[17] Weitere Informationen in Anmerkung 5.
[18] Zitat Ivo Schneider in Scholz (1990), S 236/7.

Lösung auf und behauptet, das Problem könne eher juristisch als mit Vernunft gelöst werden. Interessant in dem als Dokument 5 in der Anlage abgedruckten Text ist, dass Tartaglia trotzdem eine eigene Lösung vorlegt, sie aber mit der Bemerkung abwertet, sie sei „am wenigsten anfechtbar".

1559, 2 Jahre nach Erscheinen von Tartaglias Beitrag, veröffentlichte Giobattista Francesco Peverone eine Schrift „Due brevi e facili trattati, il primo d'Arithmetica, l'altro di Geometria", in der auch das Problem der abgebrochenen Partie behandelt wird. Peverone gelangt zur Aufteilung des Einsatzes im Verhältnis 6:1. Folgt man Ineichen (1986), dann stolpert Peverone über seine eigene richtige Regel und verpasst so das folgerichtige Ergebnis 7:1, das heute meist als korrekte Lösung des Teilungsproblems angesehen wird. In der Schrift soll es erste Ansätze stochastischen Vorgehens geben, wobei jedoch Fragen bezüglich der Interpretation und Bewertung von Peverones Leistung bleiben.[19]

Die italienischen Mathematiker verloren um die Mitte des 16. Jahrhunderts die Überzeugung, dass es eine „richtige" mathematisch ermittelbare Lösung des Teilungsproblems gibt, eine Überzeugung, die bei Luca Pacioli noch ganz ungebrochen war.[20] Diese Überzeugung erlangten die Mathematiker erst im 17. Jahrhundert wieder, vor allem unter dem Einfluß von Viète und Descartes. Man glaubte damals, mit der Buchstabenrechnung die schon von den griechischen Mathematikern gesuchte universelle Lösungsmethode für jedes mathematische Problem gefunden zu haben. Darauf, dass verschiedene Lösungswege des Teilungsproblems zum selben Ergebnis führen, weist im Brief von Pascal an Fermat vom 29. Juli 1654 das berühmte Wort hin, „dass die Wahrheit in Toulouse und in Paris dieselbe ist". Siehe auch das Dokument 6 in der Anlage. In der Literatur wird darauf hingewiesen, dass weder Pascal, Fermat oder Huygens auf die Lösungen der Italiener zurückgreifen, obwohl man annimmt, dass sie diese Lösungen gekannt haben, sondern sich als diejenigen betrachteten, die als erste die richtige Lösung vorlegten.[21]

Leibniz hatte während seines Parisaufenthalts durch Abbé des Billettes vom Problem der Gewinnaufteilung nach Spielabbruch gehört und den Nachlass von Pascal eingesehen. Er kannte auch die Schriften von Huygens zur Wahrscheinlichkeitsrechnung. Er formulierte 1678 in „De incerti aestimatione" einen eigenen Lösungsvorschlag : Der Einsatz ist aufzuteilen im Verhältnis $(k + a - 2b) : (k - a)$, falls $a \geq b$ ist. Diese Arbeit existierte nur als Handschrift und wurde erst 1957 von Biermann und Faak veröffentlicht.[22]

Die folgende Liste enthält die hier erwähnten Lösungen des Problems der Gewinnaufteilung nach Spielabbruch für k Gewinnspiele, das beim Stand von a : b abgebrochen wird :

Jahr	Autor	Verteilung allgemein	konkret
1380	Anonym		3 : 1 (7 : 1)
1494	Pacioli	a : b	3 : 1
1539	Cardano	$[1 + 2 + ... + (k - b)] : [1 + 2 + ... + (k - a)]$	6 : 1
1556	Tartaglia	$(k + a - b) : (k + b - a)$	6 : 2

---

[19] Weitere Informationen in Anmerkung 6.
[20] Ich folge hier Scholz (1990), S. 238 und S. 240
[21] Weitere Informationen in Anmerkung 7.
[22] Weitere Informationen in Anmerkung 8.

Jahr	Autor	Verteilung allgemein	Konkret
1654	Pascal, Fermat	Verhältnis der Gewinnwahrscheinlichkeiten	7 : 1
1678	Leibniz	(k + a − 2b) : (k − a) für a ≥ b	5 : 1

Bei der konkreten Verteilung wird die Lösung für eine auf 4 Gewinnspiele vereinbarte Partie angegeben, die beim Stand von 3:1 abgebrochen wird. Auf eine Besonderheit der Handschrift aus dem Jahr 1380 muss hingewiesen werden. Die in der obigen Tabelle angegebene Lösung 3:1 bezieht sich darauf, dass der gesamte Einsatz auf die beiden Spieler verteilt wird. Die Handschrift enthält aber einen ganz anderen Verteilungsmodus : Der mit 3:1 führende Spieler erhält seinen Einsatz zurück, es wird nur der Einsatz des anderen Spielers aufgeteilt. Legt man diesen Verteilungsmodus zugrunde, erhält man eine Aufteilung im Verhältnis 7:1. Diese Lösung erhalten rund 300 Jahre später auch Pascal und Fermat, die dabei jedoch einen für die Entwicklung der Stochastik richtungweisenden Weg einschlagen. Im nächsten Abschnitt wird eine zeitliche Chronologie einiger wichtiger Schriften zur Stochastik vorgestellt.

2.4 Eine Zeittafel zu den Anfängen der Stochastik

Glücksspiele scheinen zu den ältesten Spielen unserer Zivilisation zu gehören. Schon aus dem alten Indien sind uns Belege überliefert. Aber in einem sind sich die Historiker einig : Man findet viele Begriffe und Überlegungen, die im Umfeld eines modernen stochastischen Begriffs oder einer modernen stochastischen Überlegung sinnvoll interpretiert werden können, eine Wahrscheinlichkeitsrechnung wurde im Altertum aber nicht entwickelt.[23]

In der folgenden Tabelle sind die ersten uns überlieferten Dokumente seit dem 13. Jahrhundert angegeben. Wer sich damals mit Glücksspielen beschäftigen wollte, musste mit zwei großen Schwierigkeiten rechnen :
- Zum einen stand die zum Dogma gewordene Aussage von Aristoteles, der Bereich des Zufälligen sei menschlicher Erkenntnis, also auch wissenschaftlicher Methode, grundsätzlich nicht zugänglich, einer Behandlung von Zufallsphänomenen als unüberwindlich erscheinendes Hindernis entgegen.
- Zum anderen musste das kirchliche und staatliche Glücksspielverbot beachtet werden.

Jahr	Veröffentlichung	Besonderheit
1250	Pseudo-Ovidius : De Vetula	216 Fälle bei 3 Würfeln
1380	Handschrift aus der Nationalbibliothek in Florenz	Lösung des Problems der Gewinnaufteilung nach Spielabbruch
1494	Fra Luca Pacioli : Summa de Arithmetica Geometria Proportioni et Proportionalita. Venedig	Lösung des Problems der Gewinnaufteilung nach Spielabbruch
1539	Hieronymus Cardanus : Practica arithmetice et mensurandi singularis. Mailand	Lösung des Problems der Gewinnaufteilung nach Spielabbruch

---

[23] Weitere Informationen in Anmerkung 9.

Jahr	Veröffentlichung	Besonderheit
1556	Nicolò Tartaglia : La Prima Parte del General Trattato di Numeri, et Misure. Venedig	Lösung des Problems der Gewinnaufteilung nach Spielabbruch
1558	Giobattista Francesco Peverone : Due brevi e facile Trattati, il primo d'Arithmetica, l'altro di Geometria. Lyon	Lösung des Problems der Gewinnaufteilung nach Spielabbruch mit stochastischem Ansatz als 6:1
1560	Jean Buteo : Logistica	1296 Fälle für 4 Würfel
1563	Hieronymus Cardanus : Liber de ludo aleae. Erst 1663 in Lyon gedruckt	benutzt die klassische Berechnung für die Wahrscheinlichkeit
1654	Briefwechsel Pascal - Fermat	Geburt der Stochastik
1657	Christiaan Huygens : Van Rekening in Spelen van Geluck. De Ratiociniis in Ludo Aleae. Amsterdam	Lehrbuch der Wahrscheinlichkeitsrechnung, Grundbegriff ist der Erwartungswert
1662	Antoine Arnauld : La logique ou l'art de penser. Paris	Grade der Wahrscheinlichkeit
1662	John Graunt : Natural and Political Oberservations mentioned in a following Index made upon the bills of mortality. London	Chancenrechnung und Sterbetafeln
1665	Gottfried Wilhelm Leibniz : De conditionibus.	Wahrscheinlichkeiten als Zahlen zwischen 0 und 1 in der Rechtsprechung
1671	Johan de Witt : Waerdye van lyfrenten naer proportie van losrenten. Den Haag	Chancenrechnung und Rentenprobleme
1678	Gottfried Wilhelm Leibniz : De incerti aestimatione. Handschrift, die erst 1957 von Biermann und Faak veröffentlicht wurde.	„Wahrscheinlichkeit als Grad der Möglichkeit", Lösung des Problems der Gewinnaufteilung nach Spielabbruch
1708	Rémond de Montmort : Essay d'Analyse sur les Jeux de Hazard. Paris	anonym veröffentlicht
1711	Abraham de Moivre : De Mensura sortis, seu. De Probabilitate Eventuum in Ludis a Casu Fortituito Pendentibus. London	Plagiatsstreit mit Montmort

Jahr	Veröffentlichung	Besonderheit
1713	Jakob Bernoulli : Ars conjectandi. Basel. Herausgegeben von Nikolaus I. Bernoulli	„Wahrscheinlichkeit als Grad der Gewissheit", Anwendung auf bürgerliche, sittliche und wirtschaftliche Verhältnisse
1718	Abraham de Moivre : The Doctrine of Chances. Or, A Method of Calculating the Probability of Events in Play. London	Wahrscheinlichkeit als Quotient im Sinne der Laplace-Definition
1718	Galileo Galilei : Sopra le scoperte de i dadi. Florenz. Entstanden zwischen 1613 und 1623, wurde erst mit dem Gesamtwerk veröffentlicht.	Augensumme bei 3 Würfeln
1764	Thomas Bayes : En Essay towards solving a Problem in the Doctrine of Chances. London	Aus einer a-priori-Verteilung eine a-posteriori-Verteilung bestimmen
1812	Pierre Simon de Laplace : Théorie analytique des probabilités. Paris	Erste vollständige Definition der (Laplace-) Wahrscheinlichkeit

Wie damals diesen rechtlichen oder philosophischen Randbedingungen entsprochen wurde, verraten die Texte. „De Vetula" wird „antik geschönt" und als Autobiographie von Ovid ausgegeben, der Mönch Jean Buteo beschäftigt sich mit der unverfänglichen Frage nach der Anzahl von verschiedenen Kombinationsschlössern, deren Lösung auch praktischen Nutzen verspricht. Gerade bei Jean Buteo wird Widersprüchliches deutlich : Er bildet nicht die 1296 verschiedenen Schlösser oder die zugehörigen Schlüssel ab, was man wohl erwarten sollte. Er gibt stattdessen alle möglichen Ergebnisse des Würfelns von 4 Würfeln an und begibt sich mit dieser Modellierung in ein Gebiet, das für ihn gefährlich werden könnte. Noch deutlicher wird die Vermeidung des Zufalls bei der Behandlung des Problems der Gewinnaufteilung nach Spielabbruch. Da ist zum Beispiel von Schachpartien, einem harmlosen Ballspiel oder einem Ertüchtigung versprechenden Armbrustschießen die Rede, wobei die Gewinnchancen der beteiligten Parteien stillschweigend als gleich vorausgesetzt werden. Die Möglichkeit zu einer mathematischen Behandlung suchte man durch die Anlehnung an durch das Handelsrecht abgesicherte Wirtschaftsmodelle zu erzwingen und als Aufteilung von Gewinn und Verlust auszugeben.

Sollte man den Beginn der Wahrscheinlichkeitsrechnung etwa schon bei Cardano ansetzen ? Sein Buch „De Ludo aleae" ist faktisch das erste Buch der Wahrscheinlichkeitsrechnung, aber es wurde erst 1663 gedruckt. Die Lücke von fast 100 Jahren nach Cardano in der Zeittafel bemerkenswerter stochastischer Arbeiten ist nicht zu übersehen. Es ist daher verständlich, dass man trotz positiver Würdigung der Leistung von Cardano[24] die Geburt der Stochastik als eigenständiges Gebiet innerhalb der Mathematik erst im Jahr 1654 mit dem Briefwechsel zwischen Pascal und Fermat ansetzt. „Der Beginn der Wahrscheinlichkeitsrechnung wird mit einem langgezogenen Posaunenstoß von eindrücklicher Stärke angekündigt !", so bezeichnet

---

[24] Siehe zum Beispiel Glickmann (1990) und die dort genannte Literatur

Ineichen die im zweiten Teil der Zeittafel dargestellte Vielfalt an Veröffentlichungen.[25] Und selbst eine fast 40 Jahre dauernde Pause nach der Arbeit von Johan de Witt kann diesen Eindruck nicht schmälern. Denn es folgen danach weitere Veröffentlichungen, in denen mit dem euphorischen Schlagwort von der „Wahrscheinlichkeit als Führer des Lebens" mit Hilfe der neuen Ideen und Methoden eine erstaunliche Bandbreite an Anwendungen entwickelt wird. „Wie kommt es, dass kurz nach 1650 fast gleichzeitig sowohl die mathematische Wahrscheinlichkeitsrechnung als auch die mathematische Statistik entstehen, obgleich Glücksspiele, Versicherungen, Bevölkerungsstatistiken schon lange bekannt waren ?"[26] Auf diese Frage von Struik gibt Ineichen eine kurze Antwort : „Sie entstand eben dann, als die entsprechenden Fragen gestellt wurden : Fragen nach den Chancenverhältnissen bei Glücksspielen einerseits, Fragen nach der Möglichkeit, „probabilitas" zu einem quantifizierbaren Begriff zu entwickeln, andererseits, und als die beiden Entwicklungen zusammentrafen." [27]

Für Aristoteles sind wahrscheinliche Sätze solche, die allen, den meisten oder den Weisen wahr erscheinen, und auch von den Weisen wieder allen oder den meisten oder den angesehensten. Aufgrund der zum Dogma erhobenen Aussage von Aristoteles, der „Zufall sei für menschliche Überlegung unerkennbar" sind Zufälliges und Wahrscheinliches voneinander getrennt. „Wahrscheinlich" ist bloß das Attribut einer Meinung (opinio). Dies ist die Ausgangsposition bis ins Mittelalter hinein.

Im Rahmen der Glücksspielrechnung wurde das Konzept des Zufalls in einer Chancenverhältnis-Rechnung mathematisiert. Glücksspiele sind immer wieder bekämpft worden, vor allem von Theologen. Die Kaufleute standen der Scholastik und auch der Theologie nicht unbedingt nahe, so dass es nicht verwundert, dass in Rechenbüchern für Kaufleute ab Ende des 15. Jahrhunderts die ersten Lösungsversuche für Glücksspielprobleme auftauchen. Das Eingehen eines Risikos, zum Beispiel beim Kauf einer Getreideernte des kommenden Jahres oder beim Kauf einer Zeitrente, wird als vergleichbar einem Einsatz in einem Glücksspiel angesehen und immer mehr auch als moralisch erlaubt angenommen. Bereits bei Cardano ist der intuitiv klare Begriff des gerechten Spiels vorhanden, den Huygens wieder aufgreift. Darauf bauen andere auf, zum Beispiel Johan de Witt und Jakob Bernoulli. Dies ist der eine Strang, der im Zitat von Ineichen angesprochen wird.

Der andere Strang besteht im Bedeutungswandel des Wortes „probabilis" zu einem quantifizierbaren Begriff. Eine Meinung wurde bis ins Mittelalter hinein als wahrscheinlich angesehen, wenn sie sich auf die Aussage einer Autorität stützen konnte. Nach Hacking[28] ist diese mittelalterliche Auffassung von „wahrscheinlich" mit unserer heutigen auf eine überraschende Art verbunden : Wir müssen als Autorität auch die Natur akzeptieren und die Antworten dieser damals neu anerkannten Autorität auf unsere Fragen durch Experimente lesen lernen. Dies schreibt sich heute leicht. Aber welche Schwierigkeiten waren auf dem Weg zu dieser Auffassung zu überwinden, und wie viele Auseinandersetzungen hat es gegeben ? Zum Beispiel den Probabilismusstreit zwischen Jansenisten und Jesuiten, in dem es nicht nur um wissenschaftlichen Fortschritt, sondern auch um Macht und Einfluss ging. Probabilitas wird immer mehr zu einem Grad der Zustimmung entsprechend der Evidenz. Leibniz strebt für juristische Zwecke eine Graduierung der Wahrscheinlichkeit an. In der Logik von Port Royal, die von Pascal maßgeblich mit beeinflusst wurde, wird darauf hingewiesen, dass nicht nur Gewinne

---

25 Siehe Ineichen (1986), S. 60
26 Zitat nach Steinbring (1980), S. 12
27 Zitat nach Ineichen (1996), S. 141
28 Vergleiche insbesondere die Ausführungen in Kapitel 5 von Hacking (1975).

und Verluste betrachtet werden müssen, sondern auch die zugehörigen Grade an Wahrscheinlichkeit. Glücksspiele haben ihre besondere Bedeutung darin, dass sie als Veranschaulichungen oder Modelle für andere Probleme dienen. Schließlich fasst Jakob Bernoulli Stochastik nicht nur als Glücksspielrechnung, sondern als Kunst der Vermutung auf. Abraham de Moivre identifiziert probabilitas mit der „Leichtigkeit des Eintreffens (ease of happening)" bei Glücksspielen. Als 1818 E. S. Unger den „Calcul des Probabilités" von S. F. Lacroix als Wahrscheinlichkeitsrechnung übersetzt, haben Wahrscheinlichkeit und Zufall endgültig auch im deutschsprachigen Raum zusammengefunden.

Die Veränderung auf der wissenschaftlichen Ebene soll an einem Beispiel angedeutet werden : Pascal wiederholte 1646 das Experiment von Torricelli zum Luftdruck. Dieser Versuch widerlegt eine andere zum Dogma erhobene Aussage von Aristoteles, nach der ein luftleerer Raum aufgrund des horror vacui nicht möglich sei. Pascal steht in den Fragen der Wissenschaft ganz auf Seiten der experimentellen Methode und des vorurteilsfreien logischen Denkens. Das Vorwort über eine geplante, aber dann doch nicht ausgeführte, Abhandlung über den luftleeren Raum endet : „So können wir, ohne den Alten zu widersprechen, das Gegenteil von dem behaupten, was sie sagen; und welche Gestalt schließlich auch dies Altertum haben mag, die Wahrheit, selbst wenn sie neuerdings entdeckt ist, muss stets den Vorrang haben, zumal sie stets älter ist als alle Meinungen, die man darüber gehabt hat, und da es ein großes Verkennen der Natur wäre, wollte man glauben, sie habe zu jener Zeit angefangen zu existieren, als sie anfing, entdeckt zu werden." [29] Mit dem Gegensatz Wahrheit versus Meinung (opinio) wird der Boden deutlich, auf dem nun wissenschaftlich gearbeitet wird. Und nicht vergessen werden darf auch das neue Selbstbewusstsein, das die Mathematiker seit Descartes und Viète beflügelt.

2.5. Zur Einbettung in den Unterricht

Wer Informationen über die Entwicklung der Stochastik in den Unterricht einbringt, wie sie zum Beispiel das Schulbuch von Barth und Haller bringt, kann meist mit regem Interesse der Lernenden rechnen. Eine gute Ergänzung stellt das „Lexikon bedeutender Mathematiker" [30] dar. Auch der Versuch, alte Aufgaben im neuen Gewand zu behandeln, kann zu einem lebendigen Mathematikunterricht führen. Zwei Unterrichtsreihen hierzu werden in Aufsätzen des Verfassers vorgestellt. [31] Jeder Lehrende kann unterschiedliche Schwerpunkte bei der Integration historischer Elemente setzen, es gibt noch vieles zu erproben und zu entdecken. Daher möchte ich nur einiges andeuten. Meine Schülerinnen und Schüler haben die Möglichkeiten unserer Zeit bei der Behandlung der historischen Probleme ausgenutzt. Aber plötzlich erwachte bei einigen ein Interesse, das schnell die ganze Lerngruppe erfasste. Es kann durch die Frage „Wie wurde früher überhaupt gerechnet ?" dargestellt werden. Die Lernenden setzten viel Phantasie ein und machten interessante Vorschläge. Zum Beispiel : In 2.2.1 wurde das Problem der Würfel dargestellt. Beim Würfeln mit 2 Würfeln und der Wette auf das Auftreten einer Doppelsechs geht es um die Aufteilung der 36^n Möglichkeiten in $36^n - 35^n$ für die Wette günstige und 35^n ungünstige und um den Vergleich von $36^n - 35^n$ und 35^n. Die entscheidende Frage lautet : „Von welcher natürlichen Zahl n an ist $36^n - 35^n > 35^n$?" Es seien Schülermeinungen zusammengestellt, ohne Rücksicht darauf, ob damals so gerechnet worden ist :

---

[29] Ich zitiere nach Rényi (1969).
[30] Siehe Gottwald (1990)
[31] Siehe Wirths (1997) und (1997a)

- Die Potenzen 36^n und 35^n werden durch fortwährendes Multiplizieren von 36 bzw. 35 ermittelt und so experimentell die kleinste natürliche Zahl n, die die Ungleichung $36^n - 35 > 35^n$ löst.
- Als Abkürzung dieses Verfahrens wird fortwährendes Quadrieren von 36 bzw. 35 und Multiplizieren mit bereits gewonnen Potenzen genannt. Beispiel : $36^{24} = 36^{16} \cdot 36^8$.
- Wir rechnen nur mit Potenzen von 35 und drücken 36^n durch $(35+1)^n = \sum_{k=0}^{n} \binom{n}{k} \cdot 35^{n-k}$ aus.
- Wir zerlegen die Differenz $36^n - 35^n$ nach dem 3. binomischen Satz und erhalten zum Beispiel für n = 24 : $36^{24} - 35^{24} = (36^{12} - 35^{12}) \cdot (36^{12} + 35^{12}) =$
$(36^6 - 35^6) \cdot (36^6 + 35^6) \cdot (36^{12} + 35^{12}) = (36^3 - 35^3) \cdot (36^3 + 35^3) \cdot (36^6 + 35^6) \cdot (36^{12} + 35^{12})$.
- Aus dem Satz $(a-b) \cdot \sum_{k=0}^{n-1} a^{n-1-k} \cdot b^k = a^n - b^n$ folgt $\sum_{k=0}^{n-1} 36^{n-1-k} \cdot 35^k = 36^n - 35^n$.
- Äquivalent umgeformt : $36^n - 35^n > 35^n \Leftrightarrow 36^n > 2 \cdot 35^n \Leftrightarrow \left(\frac{36}{35}\right)^n > 2 \Leftrightarrow \left(\frac{35}{36}\right)^n < \frac{1}{2}$

Wir bekommen eine Ungleichung wie bei unserem „modernen" Lösungsweg auch.

Von der Lerngruppe wird bei allen diesen Vorschlägen die Potenzbildung als langwieriger und fehleranfälliger Prozess empfunden. „Warum hat der Chevalier de Méré sich an den Mathematiker Pascal gewandt ? Konnte er das nicht selber rechnen ?" Es wirkt das Zitat aus 2.2.1 vom klugen Kopf, der kein Mathematiker ist, nach. Der Versuch einer Antwort war für mich aufschlussreich. Dem mathematisch interessierten Laien trauen die Lernenden die bisher erwähnten Lösungswege zu. Es wurde sogar darüber diskutiert, ob die Spieler bei diesen Spielen Protokoll geführt, also Buch über Erfolg und Nichterfolg, und ihre Erfahrung aus der statistischen Auswertung gewonnen haben. Der Mathematiker solle nach Meinung der Lernenden in der Lage sein, einen einfachen Weg zu finden, der ohne Probieren folgerichtig zur Lösung führt. Schließlich findet ein Schüler in der Literatur, dass Logarithmentafeln bereits seit 1614 gedruckt vorlagen. Nun scheint der Lerngruppe die Lösung mit Hilfe von Logarithmen der wohl plausibelste Weg für einen Mathematiker zu sein. Ob Pascal nun die Ungleichung $36^n - 35^n > 35^n$ oder eine dazu äquivalente tatsächlich gelöst hat, oder ob er „nur" die Terme 24·(log 36 - log 35) und 25·(log 36 - log 35) berechnet und die Ergebnisse verglichen hat, ist ihnen letztlich gleichgültig. Es schmälert den Eindruck eines kurzen, eleganten Lösungswegs nicht.

Das auf der ersten Seite angeführte Zitat von Poisson provoziert geradezu zur Recherche über das Umfeld, in dem die hier vorgestellten Probleme damals behandelt wurden. Aber auch andere Zitate bieten genügend Anlässe, sich mit der Historie vertraut zu machen. Daher besteht eine echte Chance zum fächerübergreifenden Unterricht.

Ich habe bewusst auch Formulierungen der Probleme ohne den Begriff der Wahrscheinlichkeit gewählt. Schließlich war dieser Begriff zu den Zeiten von Pascal und Fermat noch nicht gebräuchlich und hat sich erst langsam in unserem heutigen Sinn bis zu einer ersten Fixierung bei Laplace herausgeschält. Auch mit der Berechnung von Chancen lässt sich im Unterricht stochastisches Denken gut entfalten. Die Veranschaulichung von Wahrscheinlichkeit als Chance hat sich in meinem Unterricht als eine gute Möglichkeit bewährt.

Die in der Anlage abgedruckten Texte wurden bewusst unter dem Gesichtspunkt eines möglichen Unterrichtseinsatzes ausgewählt. Der erste Text aus dem Jahr 1380 wird der Vollständigkeit halber mit abgedruckt. Die Lektüre ist im Anfangs- und im Schlussteil auch für

Lernende reizvoll, aber sowohl im Unterricht als auch in der Lehrerausbildung und Lehrerfortbildung hat sich der Gesamttext als sehr schwierig und schwer verständlich erwiesen.

Auch unter dem Gesichtspunkt der Modellierung ist vor allem das Problem der Gewinnaufteilung nach Spielabbruch reizvoll. Folgende Modellierungen lohnen :
- Der Führende erhält seinen Einsatz zurück, der andere Einsatz wird verteilt, so wie es der Vorgehensweise im Text von 1380 entspricht.
- Der gesamte Einsatz wird verteilt.
- Es werden unterschiedliche Kriterien für eine gerechte Verteilung erarbeitet.

Gerade der letzte Gesichtspunkt zeigt gute Möglichkeiten für einen lebendigen Unterricht auf. Wir müssen ernsthaft überlegen, ob wir nicht zu einer Auffassung zurückkehren, dass es keine eindeutige Lösung des Problems der abgebrochenen Partie gibt, sondern eine, die der jeweiligen Auffassung von einer gerechten Verteilung am meisten entspricht. Hier leisten die Aufsätze von Struve (1996), Ulshöfer (1997) und Schmidt (1998) wertvolle Hilfe und bieten viele Anregungen.

Es gibt vielfältige Möglichkeiten für Referate aus dem Themenkreis zur Geburt der Stochastik, die den Unterricht beleben können. Es können ebenfalls Themen für Facharbeiten diesem Problemfeld entnommen werden. Dabei müssen sich die Themen nicht nur auf die Geburt der Stochastik beschränken, es lohnt auch, über die Ausschärfung des Wahrscheinlichkeitsbegriffs oder die Veränderungen im wissenschaftlichen und philosophisch-erkenntnistheoretischen Bereich zu berichten, oder der Frage nachzugehen, wie Zufall und Wahrscheinlichkeit zusammenkamen. Auch darüber existiert gute Literatur.

2.6. Abschlussbemerkungen

„Jeder muss im Laufe seines Lebens mehr oder weniger den ganzen Ablauf der kulturellen Entwicklung der Menschheit rekapitulieren." Dieser Satz des Nobelpreisträgers für Medizin des Jahres 1963, des Neurophysiologen John C. Eccles, darf nicht so aufgefasst werden, dass unsere Schülerinnen und Schüler immer nur den letzten und neuesten Stand der Wissenschaft erfahren, in Nebensätzen einige wenige, vielleicht auch abwertende, Hinweise auf ältere Modelle oder Denkweisen. Schließlich muss das „spannende Ringen", das Otto Toeplitz [32] in seinem schönen Wort über die Entwicklung der Infinitesimalrechnung geschrieben hat, das aber auch für jedes andere Gebiet der Mathematik Gültigkeit besitzt, in unserem Unterricht zu spüren sein. Wer versucht, historische Bezüge in seinen Unterricht zu integrieren und dabei Stochastik nicht aus dem Wege geht, wird erfahren, wie berechtigt ein Wort von Rudolf Haller ist : „Dabei eignet sich die Stochastik mehr als jedes andere Teilgebiet der Mathematik dazu, Geschichte der Mathematik dem Schüler nahe zu bringen und andererseits den Unterricht aus der Geschichte heraus zu gestalten. Im Gegensatz zur Algebra oder gar der Analysis sind nicht nur stärker als dort die Fragestellungen der großen Mathematiker Gegenstand des Unterrichts, sondern der Schüler muss heute noch vielfach den gleichen Weg gehen, den die Großen gegangen sind, um eine Aufgabe zu lösen. Der Pulsschlag jener vergangenen Zeit ist heute immer noch zu fühlen. Darüber hinaus liegen der Stochastik so offensichtlich viele Probleme des Alltags jeder Zeit zugrunde, dass ihre geschichtliche Einbettung von selbst gegeben ist. Und da Stochastik - gelegentlich verächtlich als Würfelbudenmathematik abgetan - den homo ludens in uns anspricht, enthält sie ein Stück Kulturgeschichte der Menschheit." [33]

---

[32] Toeplitz (1972), S. V
[33] Rudolf Haller (1988), S. 262

2.7 Zu den in der Anlage abgedruckten Dokumenten

Dokument 1 :

Es handelt sich um die erste bekannte Lösung des Problems der Gewinnaufteilung nach Spielabbruch, hier für einen Spezialfall erzielt mit Mitteln der cossistischen Algebra. Die Argumentation des Mittelteils ist schwer in Einklang mit der in den anderen Teilen des Manuskripts zu bringen. Die Übersetzung von Ivo Schneider wurde Schneider (1988) Seite 9/10 entnommen.

Dokument 2 :

Es ist die Lösung des Teilungsproblems durch Fra Luca Pacioli. Dieser Text ist ein Auszug aus Schneider (1988) Seite 11/12. Die Übersetzung stammt von Ettore Casari und Ivo Schneider unter Mithilfe von Rudolf Haller.

Die Dokumente 3 und 4 :

Es werden zwei Auszüge aus einer Schrift von Cardano abgedruckt. Das dritte Dokument gibt die Kritik von Cardano an Pacioli wieder mit dem berühmt gewordenen Ausspruch vom „gewaltigen, sogar von einem Knaben erkennbaren Bock", den Luca Pacioli nach Meinung von Cardano geschossen hat. Im vierten Dokument wird Cardanos Lösung des Teilungsproblems dargestellt. Die hier vorgelegten Texte wurden den Seiten 15 bis 17 von Schneider (1988) entnommen. Die Übersetzung stammt von Ivo Schneider mit Korrekturen von Menso Folkerts. Interessant ist auch Kapitel 16, das hier nicht abgedruckt wird, bei Schneider (1988) auf Seite 16 einzusehen ist, in dem Cardano eine quadratische Gleichung zur Lösung der Mindestanzahl an Spielen aufstellt und löst.

Dokument 5 :

Das Dokument enthält die Kritik von Tartaglia an Luca Pacioli, außerdem den Verzicht auf eine mathematische Lösung, „dass ein solches Problem eher juristisch als durch die Vernunft gelöst wird." Die Vorlage aus Schneider (1988) Seite 18/19 wurde um die Stellen gekürzt, in denen die Lösung von Luca Pacioli, die in Dokument 2 nachgelesen werden kann, wiedergegeben wird. Die Übersetzung fertigte Ivo Schneider unter Mithilfe von Anna Maria Pastori-Nobis an.

Dokument 6 :

Es handelt sich um den Anfang des berühmten Briefs von Pascal an Fermat von Mittwoch, dem 29. Juli 1654, mit dem man den Beginn der Entwicklung der Stochastik zu einem eigenständigen Gebiet innerhalb der Mathematik verbindet. Man findet dort auch den bekannten Satz, „dass die Wahrheit in Toulouse und in Paris dieselbe ist." Es wird Pascals Lösung des Problems der Gewinnaufteilung nach Spielabbruch dargestellt. Die ausführliche Vorlage findet man bei Schneider (1988) auf den Seiten 26 bis 28. Interessant ist auch die Fortsetzung, in der Ausführungen über Kombinationen k-ter Ordnung von n Elementen gemacht werden. Die Übersetzung des Briefwechsels zwischen Pascal und Fermat stammt von Ivo Schneider unter Mithilfe von Bernd Arnold und Helmut Bäumel mit Korrekturen von Rudolf Haller.

Dokument 7 :

Es handelt sich um einen Auszug aus dem Brief von Pascal an Fermat, geschrieben am Montag, den 24. August 1654. Dieser Text wurde den Seiten 32/33 von Schneider (1988) entnommen. An den hier abgedruckten Text schließen sich Ausführungen zum Problem der Gewinnaufteilung nach Spielabbruch bei drei Spielern an.

Dokument 8 :

Es handelt sich um einen Auszug aus dem Brief von Fermat an Pascal, geschrieben am Freitag, den 25. September 1654. Dieser Text wurde den Seiten 39/40 von Schneider (1988) entnommen. Es handelt sich um Fermats Antwort auf Pascals Brief vom 24. August und soll die Entwicklung stochastischen Vorgehens dokumentieren, die sich in dieser kurzen Zeit bereits vollzogen hat.

Dokument 9 :
Der Herausgeber von „Oevres de Pascal" ordnet diesen Brief zwischen den Briefe von Fermat an Pascal vom 25.9.1654 (Hier in Auszügen als Dokument 8 abgedruckt.) und den Brief von Pascal an Fermat vom 27.10.1654 ein. Dieser Text wurde den Seiten 25/26 von Schneider (1988) entnommen. Die Übersetzung stammt von Ivo Schneider unter Mithilfe von Bernd Arnold und Helmut Bäumel mit Korrekturen von Rudolf Haller.

Dokument 10 :
Auf eine ganz andere Möglichkeit, in die Stochastik einzuführen, weisen die Texte von Christiaan Huygens hin. Proposition I und II werden zitiert nach Bentz (1983) Seite 7.

Dokument 11 :
Proposition III wird zitiert nach Ivo Schneider (1988), Seite 41. Der Originaltext stammt aus Christiaan Huygens : De ratiociniis in ludo aleae, der in Frans van Schooten, Exercitationum mathematicarum libri quinque, Leiden 1657 abgedruckt wurde. Auf S. 523 f. findet man Propositio III. Jakob Bernoulli hat diesem Satz Anmerkungen und Zusätze in seiner Ars conjectandi gewidmet. Mehr dazu findet man in Schneider (1988), S. 42.

Dokument 12 :
Es handelt sich um 5 Probleme, an denen sich die Mathematiker im neuen Denken und Rechnen übten. Das erste und dritte stammt von Fermat, das fünfte von Pascal sowie das zweite und vierte von Huygens selbst. Huygens überließ seinen Lesern die Lösung als Übung. Der Originaltext stammt aus Christiaan Huygens : De ratiociniis in ludo aleae, der in Frans van Schooten, Exercitationum mathematicarum libri quinque, Leiden 1657, S. 533 f. abgedruckt wurde. Das Dokument wurde Schneider (1988), S. 43 entnommen.

Dokument 13 :
Es handelt sich um ein Manuskript von Christiaan Huygens aus dem Jahr 1665 mit der Lösung des vierten Problems von Dokument 12. Der Originaltext stammt aus Oeuvres complètes de Christiaan Huygens Band XIV, Den Haag 1920, S. 97 - 99. Das Dokument wurde Schneider (1988), S. 44 – 45 entnommen. Die erste Lösung von Huygens wird hier nicht abgedruckt. Huygens fasst das Ziehen von sieben Steinen als siebenmaliges Ziehen von einem Stein ohne Zurücklegen auf. In 19 Schritten bestimmt er nach dem Zug von sechs Steinen rückwärts schreitend ausgehend die gesuchte Erwartung für den Fall, dass noch kein Stein gezogen worden ist. Das gleiche Verfahren führt er ein zweites Mal für das äquivalente Problem mit fünf Ziehungen durch. Das wird hier abgedruckt. Der Leser/die Leserin möge sich selber ein Baumdiagramm erstellen und diese Aufgabe auf die heute übliche Art und Weise lösen. Wir erhalten fünf Pfade in einem fünfstufigen Baumdiagramm, die alle die gleiche Pfadwahrscheinlichkeit besitzen, die nicht ausgerechnet jeweils $\frac{4\cdot 8\cdot 7\cdot 6\cdot 5}{12\cdot 11\cdot 10\cdot 9\cdot 8}$ beträgt. Die Gesamtwahrscheinlichkeit beträgt daher $5\cdot \frac{4\cdot 8\cdot 7\cdot 6\cdot 5}{12\cdot 11\cdot 10\cdot 9\cdot 8} = \frac{35}{99}$. Mit Hilfe des Baumdiagramms ist es interessant, die Überlegungen von Huygens beginnend mit der vierten Stufe bis nach oben an den Anfang des Baumdiagramms zu verfolgen.

2.8 Anmerkungen :

1. Mit Jansenist bezeichnete man einen Anhänger der reformkatholischen Bewegung, die von Cornelis Jansen (1585 - 1638), dem Bischof von Ypern, ausging. Der Jansenismus betonte strenge Moralgrundsätze und stand mit seiner Lehre vom unfreien Willen des Menschen und von der Prädestination gegen die von den Jesuiten vertretenen Glaubensgrundsätze. Vom Standpunkt der Stochastik war der sogenannte Probabilismusstreit mit den Jesuiten bedeutsam. Port Royal, 1204 als Frauenkloster gegründet, wurde 1636 zum geistigen und kulturellen Zentrum des Jansenismus. 1664 begann die Jansenistenverfolgung in Frankreich. Port Royal wurde 1712 zerstört.

2. Die Formulierung „Geometria aleae" aus Pascals lateinischem Text kann auch als „Mathematik des Würfels" oder „Mathematik des Würfelspiels" übersetzt werden. Meiner Meinung drückt die Übersetzung „Mathematik des Zufalls" mehr das staunenerregende Faktum aus, dass entgegen der zum Dogma erhobenen Aussage des Aristoteles, der Bereich des Zufälligen sei menschlicher Erkenntnis nicht zugänglich, von Pascal eine wissenschaftliche Darstellung aus dem Bereich des Zufälligen vorgelegt werden soll. Die Übersetzung entspricht zudem der Formulierung aus Pascal „Œvres Complètes", in der auf Seite 1403 von der „géométrie du hasard" die Rede ist.

3. Der Fehlschluss von Chevalier de Méré geht vermutlich schon auf Cardano [34] zurück. Mit seinem Denken in Proportionalitäten hätte der Chevalier beinahe Recht gehabt. „Abraham de Moivre (1657 - 1754) wies in seinem 1718 erschienenen Buch „Doctrine of Chances" nach, dass die „Proportionalitätsregel der kritischen Zahlen" nicht weit von der Wahrheit entfernt ist." [35] Approximiert man in der Ungleichung $n > \frac{\ln 0{,}5}{\ln(1-p)}$ den Term $\ln(1-p)$ durch eine Potenzreihe, erhält man die Lösung $n > \frac{\ln 2}{p + \frac{p^2}{2} + \frac{p^3}{3} + ..}$. Für kleine Wahrscheinlichkeiten p können im Nenner alle Summanden vom zweiten an vernachlässigt werden und wir erhalten als Näherungslösung $n > \frac{\ln 2}{p}$. Ermittelt man die reellen Lösungen x der Gleichung $(1-p)^x = 0{,}5$, erhält man $x = \frac{\ln 2}{p}$ als Näherungslösung. Nur in Bezug auf diese Näherungslösung sind x und p produktgleich, also umgekehrt proportional zueinander, während x und $\frac{1}{p}$ quotientengleich, also direkt proportional zueinander sind. Nur für die Näherungslösung ist de Mérés Schluss korrekt. Das Paradoxon zeigt aber, dass für $p = \frac{1}{6}$ die Näherungslösung nicht brauchbar ist.

4. Die Lösung des Problème des dés scheint weniger bekannt geworden zu sein als die des Problems der Gewinnaufteilung nach Spielabbruch. Rund 40 Jahre nach dem Briefwechsel zwischen Pascal und Fermat legt Samuel Pepys, der Vorsitzende der Royal Society in London, Isaac Newton unter anderen auch das problème dés vor. Newton fand die richtige Antwort, mit der - so wird überliefert - Pepys ebenfalls nicht zufrieden war.[36] Zu Problemen,

---

[34] Siehe bei Barth/Haller (1984), S. 71 oder Hacking (1975), S. 60
[35] Zitat nach Székely (1990), S. 15
[36] Siehe auch Székely (1990), S. 17

die Newton von Pepys vorgelegt wurden, verweise ich auf die Aufsätze von Glickmann (1997), Haller (1997) und Henze (1998) und die dort angegebene Literatur.

5. Mit Cossist bezeichnet man die Rechenmeister des 15. und 16. Jahrhunderts, die besondere Wort cosa, die Sache, gebräuchlich. Daher rührt der Name Coss für die Variable und Cossist für den Anwender dieser Methode. Zu den bekannten Cossisten zählen Johannes Widmann, Christoph Rudolff und Michael Stifel.

6. Es sind nur zwei Exemplare von Peverones Schrift bekannt, ein Exemplar befindet sich in der Österreichischen Nationalbibliothek in Wien, ein anderes in der Bibliothek der Cornell University in Ithaca, New York. Leider gibt es bis heute keine Veröffentlichung der Textstellen zum Problem der Gewinnaufteilung nach Spielabbruch, erst recht keine deutsche Übersetzung. In Ineichen (1986) findet man eine ausführliche Würdigung und Darstellung von Peverones Lösung. Bei Ineichen (1986), Haller (1988), Hacking (1975), wird darauf hingewiesen, dass bei Peverone erstmals stochastisches Denken zu erkennen sei. Peverone macht einen Fehler und erhält als Teilungsverhältnis 6:1 und nicht 7:1. „I think this must be one of the nearest misses in mathematics", kommentierte Kendall 1956 dies. Wie spannend eine Beschäftigung mit diesem Text sein könnte, aber wie viel auch noch ungeklärt ist, zeigt ein Schreiben vom 26.11.1997 von Prof. Ineichen an den Verfasser, in dem es heißt : „In meinem Aufsatz „Die Wahrscheinlichkeit ist ..." [37] habe ich wohl Peverone etwas überschätzt - verführt durch den Aufsatz von Kendall. Heute würde ich mich fragen, ob seine teilweise falsche Lösung des Teilungsproblems nicht einfach zeigt, dass er die Aufgabe nicht verstanden hat; natürlich ist auch dies nur eine Vermutung."

7. Ivo Schneider schreibt[38] : „Trotz der, wie im Fall von Cardano und Forestani, bis in die zweite Hälfte des 17. Jahrhunderts reichenden Veröffentlichungen dieser italienischen Tradition haben die drei eigentlichen Begründer der Glücksspielrechnung und Wegbereiter der Bernoullischen Wahrscheinlichkeitsrechnung, Pascal, Fermat und Christiaan Huygens, diese ihnen in irgendeiner Form bekannten Leistungen der Italiener niemals erwähnt und sich selbst als die ersten ausgegeben, die die Verbindung zwischen Mathematik und dem Bereich des Zufalls herzustellen vermochten. Der Hauptgrund dafür ist sicherlich, dass der mit Viète und Descartes wieder in den Vordergrund gerückte Anspruch auf absolute Richtigkeit und Beweisbarkeit von mathematischen Aussagen die Lösungsvorschläge der Italiener für das Teilungsproblem, die nur als Meinungen angeboten worden waren, auf das Niveau der mathematischen Folklore sinken ließen. Diese Folklore wird in dem Briefwechsel zwischen Pascal und Fermat von 1654 von dem Chevalier de Méré vertreten. Zentrales Thema dieses Briefwechsels ist das Teilungsproblem, das zwar noch unter der Voraussetzung gleicher Gewinnchancen für die beteiligten Spieler, aber nun in größerer Allgemeinheit diskutiert wird." Als weitere Ausführungen zum Teilungsproblem sei die Darstellung von Schneider in Scholz (1990) auf den Seiten 236 - 240 empfohlen. Hacking schreibt, dass Chevalier de Méré lange Zeit als Erfinder des Teilungsproblems angesehen wurde, eine Aussage, die vermutlich auf Christiaan Huygens zurückgeht.[39] Daraus könnte man sogar schließen, dass Pascal, Fermat und Huygens die Leistungen der Italiener vielleicht doch unbekannt waren, mindestens aber, dass sie in Vergessenheit geraten sind.

8. Weitere Informationen findet man zum Beispiel in Ineichen (1988) und Struve (1996). „De incerti aestimatione" gibt wertvolle Aufschlüsse über das stochastische Denken bei Leibniz. Es finden sich außer der Auffassung von Wahrscheinlichkeit als „probabilitas est gradus

---

[37] Die Rede ist von Ineichen (1986)
[38] Siehe Schneider (1988), S. 3
[39] Siehe Hacking (1975), S. 61

possibilitatis" eine erste Anwendung des Erwartungswerts „spes" in der Form von „Hoffnung" („Spes est probabilitas habendi") und „Furcht" („Metus est probabilitas amittendi.") sowie einer Berechnung dieser Spes als Verhältnis der Zahl der günstigen Fälle („numerus eventuum qui favere possunt") und der Zahl der möglichen Fälle („numerus eventuum omnium").

Leibniz gibt in „De incerti aestimatione" eine andere Lösung des Problems der Gewinnaufteilung nach Spielabbruch an als Pascal und Fermat, obwohl er deren Lösung kannte. In Struve (1996) wird eine interessante Rechtfertigung des Vorgehens von Pascal und Fermat einerseits und Leibniz andererseits entwickelt. Die Gerechtigkeitsvorstellung, die sich in der Lösung von Leibniz entdecken lässt, kann in Form eines Leistungsprinzips ausgedrückt werden : Jeder Sieg, der über ein Unentschieden hinausgeht, wird gleich entlohnt, also etwas vereinfachend dargestellt : „gleicher Lohn für gleiche Leistung". Für die Lösung von Pascal und Fermat läßt sich ein anderes Prinzip konstruieren : Der Wert einer Partie ist für Spieler A immer derselbe wie für Spieler B. In Struve (1996) wird bewiesen, dass in beiden Fällen das jeweilige Prinzip eindeutig die zugehörige Lösung charakterisiert.

9. In Ineichen (1996) wird eine Fülle von Informationen zu stochastischen Bezügen in der Antike gegeben. Aus dem alten Indien ist vor allem bemerkenswert die Erzählung von Nala aus dem Epos „Mahabharata", dessen Anfänge im 7. Jahrhundert vor Christus liegen, die auch Hacking anführt. Ansonsten sei auf die Arbeiten von Ineichen, Haller und Hacking sowie die dort angeführte Literatur verwiesen.

Dokument 1
Aus einer Handschrift geschrieben um 1380 (Nationalbibliothek in Florenz)

Zwei Männer spielen Schach und setzen je einen Dukaten ein auf drei Gewinnspiele. Es trifft sich, dass der erste zwei Spiele gegen den zweiten gewinnt. Ich frage, welchen Anspruch auf Gewinn von diesen Dukaten der erste gegenüber dem zweiten haben wird, wenn sie nicht weiterspielen.

Nimm an, dass der erste gegen den zweiten 1c [1] beim ersten Spiel gewinnt; du musst in Betracht ziehen, dass er beim zweiten Spiel vernünftigerweise ebensoviel wie beim ersten gewinnen muss. Er wird also eine weitere c gewonnen haben, und so hat er aufgrund des Gewinns bei zwei Spielen einen Gewinnanspruch auf 2c; der zweite, der verloren hat, wird jetzt bezüglich seines Einsatzes einen Anspruch auf 1 Dukaten minus 2c haben.

Es versteht sich, dass, wenn der Verlierer von zwei Spielen gegen seinen Partner zwei weitere Spiele gewinnen würde, keiner von beiden irgendeinen Betrag vom anderen gewonnen hätte. Nehmen wir jetzt an, dass der zweite gegen den ersten zunächst ein Spiel gewinnt. Ich behaupte, dass er in diesem Spiel 1 Dukaten minus 2c gewinnt, die der erste gewonnen hätte, und der Grund dafür ist folgender: Wenn der Gewinner der ersten beiden Spiele auch das dritte Spiel gewonnen hätte, hätte er gegen den anderen den gesamten Rest von dessen Dukaten gewonnen, nämlich 1 Dukaten minus 2c, wie umgekehrt der zweite nach dem Gewinn gegen den ersten; jetzt nimmt er 1 Dukaten minus 2c von dem Anteil, den der erste gegen den zweiten gewonnen hat, nämlich 2c; dem ersten verbleiben von seinem Gewinn noch 4c minus 1 Dukaten.

Dem zweiten werden, wenn er einzufordern anfängt, in diesem Spiel 2 Dukaten minus 4c zustehen. Beachte jetzt für den ersten, den Gewinner von zwei Spielen, dass, wenn der zweite diese Spiele gewonnen hätte und das dritte Spiel gewinnen würde, er zwangsläufig den gesamten verbleibenden Anteil des ersten von dessen Dukaten gewinnen würde, und, wenn der erste dieses dritte Spiel gewänne, er 2 Dukaten minus 4c gewinnen würde. So muss es auch der zweite gegenüber dem ersten machen.

Wir nehmen jetzt an, dass der zweite das zweite Spiel gewinnt. Also stehen ihm aufgrund seines Gewinns gegenüber dem ersten 2 Dukaten minus 2c zu, und er muss von dem ersten das fordern, was dieser von ihm gewonnen hätte, weil nun so einer wie der andere zwei Spiele gewonnen hat.

Beachte nun, wenn der zweite gegen den ersten das zweite Spiel gewinnt, gewinnt er 2 Dukaten minus 2c. Wir müssen nun auf beiden Seiten 1 Dukaten hinzufügen, und wir werden auf der einen Seite 4c und auf der anderen 3 Dukaten minus 4c haben. Füge noch 4c auf beiden Seiten hinzu und du wirst erhalten 8c gleich 3 Dukaten. Jetzt teile die Zahl durch die Anzahl der c, d.h. 3 Dukaten durch 8, was $\frac{3}{8}$ ergibt, und soviel ist die c wert; nämlich den Betrag, den der erste im ersten Spiel gewinnt; und im zweiten gewinnt er nochmals $\frac{3}{8}$ Dukaten, was $\frac{6}{8}$ ausmacht, also $\frac{3}{4}$. Soviel muss der erste nach dem Gewinn erhalten, da er nicht mehr als zwei Spiele spielt. So gehe auch vor bei ähnlichen Rechnungen.

---

[1] c : Abkürzung für cosa, das damalige Fachwort für die Variable.

Dokument 2

Aus : Fra Luca Pacioli, Summa de Arithmetica Geometria Proportioni et Proportionalita, Venedig 1494

Eine Gesellschaft spielt Ball auf 60 Punkte, wobei 10 Punkte für das Einzelspiel vergeben werden. Sie setzen insgesamt 10 Dukaten ein. Aufgrund gewisser Umstände können sie nicht zu Ende spielen; dabei hat eine Partei 50 und die andere 20 Punkte. Man fragt, welcher Anteil des Einsatzes jeder Partei zusteht.

Für dieses Problem habe ich verschiedene Lösungsvorschläge, die in die eine oder andere Richtung gehen, vorgefunden; alle kommen mir ungereimt vor in Bezug auf einige ihrer Argumente. Aber die Wahrheit ist das, was ich sagen werde, zusammen mit dem richtigen Weg. Ich sage, dass Du diesen in drei Weisen verfolgen kannst.

Erstens :
Du sollst herausfinden, wie viele Einzelspiele insgesamt von den beiden Parteien höchstens gemacht werden können; dies sind 11, nämlich dann, wenn beide vorher je 50 Punkte aufweisen. Nun siehst Du, welchen Anteil an allen diesen Einzelspielen die mit 50 Punkten haben; sie haben nämlich $\frac{5}{11}$; und diejenigen mit 20 Punkten haben $\frac{2}{11}$. Deshalb kann die eine Partei $\frac{5}{11}$ und die andere $\frac{2}{11}$ vom Einsatz nehmen. Summiert macht das $\frac{7}{11}$. Dann entsprechen $\frac{7}{11}$ den 10 Dukaten; was steht einer Partei mit dem Anteil $\frac{5}{11}$ und was einer mit $\frac{2}{11}$ zu ? Also derjenigen mit 50 Punkten wird $7\frac{1}{7}$ Dukaten und derjenigen mit 20 Punkten $2\frac{6}{7}$ Dukaten zukommen. Fertig.

Eine andere Weise ist ähnlich : d. h. sie können insgesamt 110 Punkte machen. Schau, welcher Teil davon 50 ist; Du wirst, wie oben, $\frac{5}{11}$ und für 20 entsprechend $\frac{2}{11}$ finden; mach' weiter wie oben !

Die dritte, sehr kurze Weise ist, dass Du summierst, was die beiden Parteien zusammen haben : d. h. 50 und 20, macht 70. Und dieses ist der Divisor, wobei 70 den 10 Dukaten entspricht. Was steht der Partei mit 50 Punkten und was der mit 20 Punkten zu ? Usw.

Und so wirst Du vorgehen bei einem Rennen zu Fuß oder zu Pferd, wenn Du weißt, wie viele Meilen jeder gemacht hat. Und ähnlich ist es beim Morraspiel mit 10 oder mit 5 Fingern, wenn die eine Partei 9 und die andere 7 Punkte hat. Das gilt auch, wenn sie Bogen schießen; wer als erster soundsoviele Treffer erzielt, erhält den Preis.

Dokument 3
Aus : Hieronymus Cardanus, Practica arithmetice et mensurandi singularis, Mailand 1539

Letztes Kapitel „Über die Fehler des Fra Luca", Abschnitt 5 :

Bei der Berechnung der Spiele schoss er einen gewaltigen, sogar von einem Knaben erkennbaren Bock, wobei er andere kritisiert und seine Meinung als ausgezeichnet lobt. Dabei gibt er, wenn zwei auf 6 Gewinnspiele spielen, dem, der 5 hat, und dem anderen mit 2 nach vielen überflüssigen Überlegungen 5 bzw. 2 Teile, so dass er die Gesamtsumme in 7 Teile teilt.

Nehmen wir deshalb an, dass zwei auf 19 Gewinnspiele spielten und einer 18, der andere nur 9 hätte. Er wird dann dem ersten $\frac{2}{3}$ der Gesamtsumme und $\frac{1}{3}$ dem zweiten geben. Sei also der Einsatz 12 Goldstücke; die Summe von beiden wird 24 sein, von denen 16 dem ersten und 8 dem zweiten zustehen : Jener, der 18 Gewinnspiele aufweist, hat nur 4 Goldstücke von seinem Gegner gewonnen, was ein Drittel des Einsatzes ausmacht, und doch fehlt ihm zum vollständigen Gewinn nur ein Spiel, während dem zweiten 10 fehlen. Das aber ist völlig absurd.

Außerdem darf jeder jenen Teil nehmen, den er nach einer billigen Überlegung unter dieser Voraussetzung einsetzen könnte; aber der, der 18 hat, kann mit dem, der 9 hat, 10 zu 1, ja sogar 20 zu 1 bei einem Spiel auf 19 setzen : Deswegen hat er bei der Teilung einen Anspruch auf 20 Teile und der andere nur auf einen.

Drittens, wenn man auf 19 spielt und einer 2, der andere kein Spiel hat, kann nach seiner Überlegung der, der 2 hat, den Gesamteinsatz beanspruchen; das wird aus seiner Berechnung klar. Dass dies, so wie es ist, unangemessen ist, ist aber nicht zu bestreiten, da er bei einem so bescheidenen Vorsprung und einer solchen Entfernung vom Ziel genau soviel beanspruchen könnte, wie wenn er 19 Spiele gewonnen hätte, und weil weiterhin derjenige, der den Einsatz verliert, in keine schlechtere Lage kommen kann; angenommen, dass der erste 18 und der zweite kein Gewinnspiel aufweise, stünde dem Führenden noch nicht alles zu, weil ja sonst das letzte Gewinnspiel überflüssig wäre; um wieviel weniger kann der das Ganze beanspruchen, der nur zwei Gewinnspiele aufweist.

Viertens zum Hauptpunkt : Wenn einer 3, der andere 1 Gewinnspiel bei einem Spiel auf 13 aufwiese, stünden dem ersten 3 Teile, dem zweiten stünde einer zu. Wenn nun der erste 12, der zweite 9 hätte, würden dem ersten $\frac{4}{7}$ und dem zweiten $\frac{3}{7}$ gegeben werden, und so wäre die Voraussetzung des ersten im zweiten Fall wesentlich ungünstiger als im ersten, was vollkommen absurd ist, weil der erste im zweiten Fall bei 6 Malen nicht einmal verliert und im ersten Fall keine große Ungleichheit herrscht.

Dokument 4
Aus : Hieronymus Cardanus, Practica arithmetice et mensurandi singularis, Mailand 1539

13.
Was nun die Theorie der Spiele angeht, muss man wissen, dass man bei den Spielen nur die jeweilige Restspielanzahl in Betracht ziehen muss, indem man den Gesamteinsatz in der Progression [1] auf die entsprechenden Teile verteilt.

Zum Beispiel spielen zwei auf zehn Gewinnspiele. Einer hat 7, der andere 9 Spiele gewonnen. Man fragt nun im Fall der Teilung bei Spielabbruch, wieviel jeder haben soll. Ziehe 7 von 10 ab; es bleiben 3. Ziehe 9 von 10 ab; es bleibt 1. Die Progression von 3 ist 6. Die Progression von 1 ist 1. Du wirst also den Gesamteinsatz in 7 Teile teilen und dem, der 9 Gewinnspiele hat, 6 Teile, sowie dem, der 7 Gewinnspiele hat, 1 Teil geben. Nehmen wir also an, dass jeder 7 Goldstücke gesetzt hat, dann wäre der Gesamteinsatz 14, von denen 12 dem, der 9 Gewinnspiele hat, zufallen und 2 dem, der 7 hat, weshalb der, der 7 hat, $\frac{5}{7}$ des Kapitals verliert.

Ein weiteres Beispiel : Nehmen wir an, dass auf 10 Gewinnspiele gespielt werde und einer 3, der andere 6 hätte. Subtrahiere und es bleiben die Reste 7 und 4. Die Progression von 7 ist 28. Die Progression von 4 ist 10. Deshalb werde ich dem, der 6 Gewinnspiele hat, von der Gesamtsumme 28 Teile geben, und dem, der 3 hat, werde ich 10 Teile geben; so teile ich den Gesamteinsatz in 38 Teile, und der, der 3 hat, verliert $\frac{9}{19}$ seines Kapitals.

14.
Der Beweisgedanke dafür ist folgender : Wenn nach erfolgter Teilung wiederum ein Spiel angefangen werden müsste, hätten die Parteien dasselbe einzusetzen, was sie unter der vorliegenden Bedingung erhielten. Diese sei im ersten Beispiel, dass einer sagt, ich will spielen unter der Bedingung, dass du das Gesamtspiel nicht gewinnen kannst, es sei denn, du gewinnst 3 mal ohne Unterbrechung, und, wenn ich ein Spiel gewinne, will ich das Gesamtspiel gewinnen. Derjenige, der 3 Spiele gewinnen will, setzt 2 Goldmünzen. Wie viel muss der andere einsetzen ? Ich behaupte, dass er 12 einsetzen wird.

Begründung : Wenn sie nur ein Gewinnspiel benötigten, genügte es, 2 einzusetzen, und bei 2 Gewinnspielen hätte er das Dreifache einzusetzen. Der Grund dafür ist, dass, wenn er einfach die nächsten 2 Spiele gewänne, er 4 Goldstücke gewinnen würde, während er nach dem Gewinn des ersten Gefahr läuft, das zweite Spiel zu verlieren; deswegen muss er das Dreifache gewinnen; und wenn er auf 3 Gewinnspiele spielte, das Sechsfache, weil sich das Risiko verdoppelt; deswegen hätte er 12 einzusetzen. Nun hat er schon 12 erhalten und jener 2; deswegen ist die Teilung angemessen durchgeführt unter der Voraussetzung, dass der Spielabbruch im Einverständnis der Parteien erfolgte; sonst, wenn der Abbruch durch den, der mehr hat, verursacht wurde, wird zu gleichen Teilen geteilt, wenn er durch den, der weniger hat, verursacht wurde, verliert der den ganzen Einsatz.

---

1 „Die Progression von n" bedeutet „Die Summe aller natürlichen Zahlen von 1 bis n".

Dokument 5

Aus : Nicolò Tartaglia, La Prima Parte del General Trattato di Numeri, et Misure; Venedig 1556

Bruder Luca aus Borgo legt folgendes Problem vor : Eine Gesellschaft spielt Ball auf 60 Punkte.

... (*Es folgt die Problembeschreibung*)

In diesem Problem sagt der genannte Bruder Luca, der für die eine wie die andere Richtung verschiedene Lösungsvorschläge vorfand, dass ihm aber all ihre Argumente ungereimt erscheinen und dass die richtige Methode und die Wahrheit diejenige sei, dass man die Rechnung in dreifacher Weise durchführen kann.

... (*Es wird nun die erste Rechnung von Fra Luca vorgeführt.*)

Diese seine Regel scheint mir weder schön noch gut zu sein. Denn wenn zufällig eine der Parteien 10 Punkte und die andere nichts hätte und man nach seiner Regel vorgehen würde, würde sich ergeben, dass die Partei mit den besagten 10 Punkten alles nehmen und die andere überhaupt nichts nehmen dürfte, was vollkommen sinnlos wäre, dass man mit 10 das Ganze nehmen dürfte.

Und deshalb sage ich, dass ein solches Problem eher juristisch als durch die Vernunft gelöst wird; egal, auf welche Art und Weise man es löst, es gibt immer einen Grund zu streiten. Nichtsdestotrotz erscheint mir die am wenigsten anfechtbare Lösung die folgende : Man stelle zunächst fest, welchen Anteil jeder vom Gesamtspiel hat, d. h. wenn einer zufällig 10 und der andere 0 hat, hätte also derjenige, der 10 hat, ein Sechstel des Gesamtspiels; und deshalb sage ich, dass er in diesem Fall ein Sechstel der Dukaten bekommen müsste, die sie pro Mann eingesetzt haben; d. h. wenn man 22 Dukaten pro Partei einsetzt, müsste er ein Sechstel besagter 22 Dukaten, nämlich $3\frac{2}{3}$ Dukaten erhalten, die zusammen mit seinen 22 Dukaten $25\frac{2}{3}$ Dukaten ausmachen, und die andere Partei darf den Rest nehmen, und dieser Rest ist $18\frac{1}{3}$ Dukaten.

Wenn nun die eine Partei 50 und die andere 30 hätte, müsste man 30 von 50 abziehen. Es bleiben 20, und diese 20 sind ein Drittel des Gesamtspiels. Deshalb dürfte man (außer seinem eigenen Anteil) auch ein Drittel des Geldes der anderen Partei nehmen, und dieses Drittel sind $7\frac{1}{3}$ Dukaten, die zusammen mit seinen eigenen insgesamt $29\frac{1}{3}$ Dukaten ausmachen. Die andere Partei dürfte den Rest, nämlich $14\frac{2}{3}$ Dukaten, nehmen. Wenn man so verfährt, ergibt sich als Folge nichts Unangenehmes wie bei der Lösung von Bruder Luca.

Eine der anderen beiden von dem vorgenannten Bruder Luca vorgeschlagenen Vorgehensweisen ist der oben beschrieben Lösung ähnlich, wenn auch in den Worten etwas verschieden, und ähnlich ist auch die dritte.

... (*Die dritte Lösung wird nun vorgeführt.*)

Bei dieser Lösung ergeben sich dieselben Einwände, die ich gegen die erste erhoben habe, und da diese Probleme nur Streit hervorrufen und zu nichts führen, soll man ihnen keine große Bedeutung beimessen.

Dokument 6
Aus dem Brief von Pascal an Fermat. Mittwoch, den 29. Juli 1654

Mein Herr,

1. Die Ungeduld erfasst mich ebenso wie Sie und, obgleich ich noch im Bett liege, muss ich Ihnen unbedingt mitteilen, dass ich gestern Abend von Herr de Carcavi Ihren Brief über das Teilungsproblem erhielt, den ich so sehr bewundere, dass ich es nicht in Worte fassen kann. Ich habe nicht die Zeit, mich weitläufig auszulassen, aber Sie haben - mit einem Wort - die beiden Teilungen beim Würfeln und beim Spielabbruch vollständig richtig gefunden : ich bin damit gänzlich befriedigt; denn ich zweifle nun nicht mehr daran, dass ich auf dem richtigen Weg bin nach der erstaunlichen Übereinstimmung, in der ich mich mit Ihnen finde.

Ich bewundere die Lösungsmethode beim Spielabbruch mehr als die für die Würfel; ich habe einige Personen die für die Würfel finden sehen, wie Herrn Chevalier de Méré, der mir übrigens diese Probleme vorgelegt hat, und auch Herrn de Roberval; aber Herr de Méré hat niemals den richtigen Wert beim Spielabbruch und auch keinen Ansatz, um dahin zu gelangen, finden können, so dass ich mich für den einzigen hielt, dem dieses Verhältnis bekannt war.

2. Ihre Methode ist sehr sicher und ist diejenige, die mir als erste bei dieser Untersuchung einfiel; weil aber der Aufwand mit den Kombinationen zu groß ist, habe ich dafür eine Vereinfachung, eigentlich eine andere, viel kürzere und klarere Methode gefunden, die ich Ihnen hier in wenigen Worten darstellen möchte : Denn ich möchte Ihnen von nun an, wenn möglich, mein Herz öffnen, so sehr freut es mich, uns in Übereinstimmung zu sehen. Ich sehe wohl, dass die Wahrheit in Toulouse und in Paris dieselbe ist.

Hier nun in etwa, wie ich den Wert jedes einzelnen Spiels bestimme, wenn zwei Spieler beispielsweise auf drei Gewinnsätze spielen und jeder 32 Pistoles [1] eingesetzt hat :
Nehmen wir an, dass der erste zwei und der andere eine Partie gewonnen hat; sie spielen nun eine Partie, deren Ausgang folgendes festlegt : Wenn der erste sie gewinnt, gewinnt er den gesamten Spieleinsatz, nämlich 64 Pistoles; wenn der zweite sie gewinnt, steht es zwei Partien zu zwei Partien, und folglich muss jeder seinen Einsatz, nämlich 32 Pistoles, zurücknehmen, falls sie sich trennen wollen.

Beachten Sie nun, mein Herr, dass dem ersten 64 zustehen, wenn er gewinnt; wenn er verliert, stehen ihm 32 zu. Wenn sie also diese Partie nicht wagen und sich, ohne zu spielen, trennen wollen, muss der erste sagen : „32 Pistoles sind mir sicher, denn die erhalte ich selbst bei Verlust; aber was die anderen 32 betrifft, vielleicht werde ich sie erhalten, vielleicht werden Sie sie erhalten, die Aussichten sind gleich. Teilen wir diese 32 Pistoles zu gleichen Teilen und geben Sie mir meine 32, die mir sicher sind." Er wird also 48 Pistoles erhalten und der andere 16.

Nehmen wir jetzt an, dass der erste zwei Partien gewonnen hat und der andere keine und dass sie eine weitere Partie beginnen. Der Ausgang dieser Partie legt fest, dass der erste, wenn er sie gewinnt, das ganze Geld, 64 Pistoles, nimmt; gewinnt sie der andere, dann sind sie wieder beim vorhergehenden Fall angelangt, bei dem der erste zwei Partien und der andere eine gewonnen hat.

---
[1] Name für eine von Philipp II. 1566 geprägte Goldmünze.

Nun haben wir schon gezeigt, dass in diesem Fall dem, der zwei Partien gewonnen hat, 48 Pistoles zustehen. Deshalb muss er, falls sie diese Partie nicht spielen wollen, sagen : „Wenn ich sie gewinne, gewinne ich alles, das sind 64; wenn ich sie verliere, stehen mir rechtmäßig 48 zu : Geben Sie mir also die 48, die mir selbst für den Fall, dass ich verliere, gewiss sind, und teilen wir die anderen 16 zu gleichen Teilen, weil die Chance, diese zu gewinnen, für Sie genauso groß ist wie für mich." Er wird also 48 und 8, das sind 56 Pistoles, erhalten.

Nehmen wir endlich an, dass der erste nur eine Partie gewonnen hat und der andere keine. Sie sehen, mein Herr : wenn sie eine neue Partie beginnen, legt deren Ausgang fest, dass, wenn der erste gewinnt, es zwei zu null steht und ihm mithin nach dem vorhergehenden Fall 56 Pistoles zustehen; verliert er sie, steht es eins zu eins : ihm stehen also 32 Pistoles zu. Er muss also sagen: „Wenn Sie die Partie nicht spielen wollen, geben Sie mir 32 Pistoles, die mir sicher sind, und teilen wir den von 56 verbleibenden Rest zu gleichen Teilen. Nehmen Sie 32 von 56 weg, es bleiben 24; teilen Sie also 24 zu gleichen Teilen; nehmen Sie davon 12 weg und ich 12, was mit 32 zusammen 44 macht."

Auf diese Weise sehen Sie nur aufgrund einfacher Subtraktionen, dass ihm für die erste Partie 12 Pistoles, für die zweite Partie weitere 12 und für die letzte 8 vom Geld des anderen zustehen.

Nun, um kein Geheimnis mehr daraus zu machen, da Sie ja im Grunde genommen alles durchschauen und ich das nur gemacht habe, um zu sehen, ob ich mich nicht irre : der Wert der letzten Partie (ich meine damit nur deren Anteil am Geld des anderen) von zweien ist das Doppelte der <letzten> Partie von dreien und das Vierfache der letzten Partie von vieren und das Achtfache der letzten Partie von fünfen, usw.

3. Aber der Wert der ersten Partien ist nicht so leicht zu finden. Er ist wie folgt, denn ich will nicht verbergen; und hier das Problem, um das ich so viel Aufhebens mache, da es mir in der Tat besonders gefällt :   Gegeben sei eine beliebige Anzahl an Partien, finde den Wert der ersten.

Sei die Zahl der Partien gegeben, etwa 8. Nehmen Sie die acht ersten geraden Zahlen und die acht ersten ungeraden Zahlen, nämlich :

2, 4, 6, 8, 10, 12, 14, 16   und   1, 3, 5, 7, 9, 11, 13, 15.

Multiplizieren Sie die geraden Zahlen folgendermaßen : die erste mit der zweiten, das Produkt mit der dritten, das Produkt mit der vierten, das Produkt mit der fünften, usw. ; multiplizieren Sie die ungeraden Zahlen in der gleichen Weise : die erste mit der zweiten, das Produkt mit der dritten, usw.

Das letzte Produkt der Geraden ist der Nenner und das letzte Produkt der Ungeraden ist der Zähler des Bruchs, der den Wert der ersten Partie von achten ausdrückt: d. h., dass, wenn jeder die durch das Produkt der Geraden gegebenen Anzahl von Pistoles einsetzt, ihm vom Geld des anderen die Anzahl zusteht, die durch das Produkt der Ungeraden ausgedrückt wird.

Das lässt sich aber, mit viel Mühe, durch die Kombinationen, so wie Sie sie erdacht haben, zeigen, und ich habe es auf anderem Weg, den ich Ihnen gerade mitgeteilt habe, nicht geschafft, sondern nur auf dem der Kombinationen. Und hier sind die Sätze, die dahin führen; es sind dies rein arithmetische Sätze, die die Kombinationen [2] betreffen, von denen ich ziemlich schöne Eigenschaften habe :   4. ....

---

[2] Hier versteht Pascal im Unterschied zu Fermat Kombinationen im Sinn von heute als Teilmenge mit k Elementen aus einer Menge mit n Elementen.

Dokument 7
Aus dem Brief von Pascal an Fermat. Montag, den 24. August 1654

Mein Herr, ...

2. Dies ist Ihr Vorgehen, wenn es zwei Spieler sind :
Wenn zwei Spieler, die auf mehrere Gewinnspiele spielen, sich in der Lage befinden, dass dem ersten zwei und den zweiten drei Gewinnspiele fehlen, so muss man, sagen Sie, für die gerechte Aufteilung des Einsatzes schauen, nach wie vielen Partien das Spiel in jedem Fall zu Ende entschieden sein wird.

Es ist leicht zu überlegen, dass das nach vier Partien der Fall sein wird. Daraus schließen Sie, dass man feststellen müsse, wie viele Anordnungen von Spielausgängen es bei vier Partien und zwei Spielern gibt, und weiterhin, wie viele Anordnungen den ersten Spieler und wie viele den zweiten zum Gewinner machen, und dass man den Einsatz diesem Verhältnis entsprechend teilen müsse. Ich hätte gerade diese Überlegung nur schwerlich verstanden, wenn ich sie mir nicht schon vorher selbst klargemacht hätte; Sie haben sie wohl auch in diesem Sinn niedergeschrieben. Um nun zu sehen, wie viele Anordnungen bei vier Partien und zwei Spielern existieren, muss man sich vorstellen, dass sie mit einem Würfel mit zwei Seiten spielen (weil es nur zwei Spieler gibt), wie bei Wappen oder Zahl, und dass sie vier dieser Würfel werfen (weil sie vier Partien spielen); und jetzt muss man überlegen, wie viele verschiedene Lagen diese Würfel einnehmen können. Das ist leicht zu berechnen : sie können sechzehn haben, das ist die zweite Potenz von vier, d. h. das Quadrat. Denn stellen wir uns vor, dass eine der Seiten, mit a gekennzeichnet, für den ersten Spieler günstig ist und die andere, mit b, für den zweiten, dann können diese vier Würfel eine dieser sechzehn Lagen einnehmen :

Würfel 1	a	a	A	a	a	a	a	A	b	b	b	b	b	b	b	b
Würfel 2	a	a	A	a	b	b	b	B	a	a	a	a	b	b	b	b
Würfel 3	a	a	B	b	a	a	b	B	a	a	b	b	a	a	b	b
Würfel 4	a	b	A	b	a	b	a	B	a	b	a	b	a	b	a	b
Gewinner	1	1	1	1	1	1	1	2	1	1	1	2	1	2	2	2

Und weil dem ersten Spieler zwei Partien fehlen, lassen ihn alle Lagen mit mindestens zwei a gewinnen : davon gibt es 11 für ihn; und weil dem zweiten hier drei Partien fehlen, lassen ihn alle Lagen, in denen mindestens drei b vorhanden sind, gewinnen; davon gibt es also 5. Somit müssen sie den Einsatz im Verhältnis von 11 zu 5 teilen.

Das ist Ihre Methode, wenn es zwei Spieler sind; dazu behaupten Sie, dass es falls es mehrere sind, nicht schwer sei, das Teilungsproblem nach der gleichen Methode zu lösen.

3. Dazu habe ich Ihnen zu sagen, mein Herr, dass diese Teilung auf der Basis der Kombinationen für zwei Spieler durchaus richtig und sehr gut ist; aber bei mehr als zwei Spielern ist sie nicht immer richtig, und ich werde Ihnen den Grund für diesen Unterschied nennen. ...

Dokument 8
Aus dem Brief von Fermat an Pascal. Freitag, den 25. September 1654

Mein Herr, ...

Ich nehme das Beispiel mit den drei Spielern, von denen dem ersten eine und jedem der beiden anderen zwei Partien fehlen; das ist der Fall, den Sie mir entgegenhalten. ...

3. ...
Aber weil Herr de Roberval sich vielleicht freut, eine Lösung ohne eine zusätzliche Annahme zu sehen, die außerdem in vielen Fällen die Lösungswege abzukürzen vermag, sei sie hier für das vorliegende Beispiel angeführt:

Der erste kann entweder mit einer einzigen oder mit zwei oder drei Partien gewinnen.

Wenn er mit einer einzigen Partie gewinnt, muss er mit einem Würfel, der drei Seiten hat, die für ihn günstige beim ersten Wurf werfen. Ein einziger Würfel weist drei Möglichkeiten auf: dieser Spieler besitzt also $\frac{1}{3}$ der Gewinnmöglichkeiten, wenn man nur eine Partie spielt.

Wenn man deren zwei spielt, kann er auf zwei Arten gewinnen, entweder wenn der zweite Spieler die erste und er die zweite oder wenn der dritte die erste und er die zweite Partie gewinnt. Nun weisen aber zwei Würfel 9 Möglichkeiten auf; dieser Spieler besitzt also $\frac{2}{9}$ der Gewinnmöglichkeiten, wenn man zwei Partien spielt.

Wenn man deren drei spielt, kann er nur auf zwei Arten gewinnen, entweder wenn der zweite die erste, der dritte die zweite und er die dritte oder wenn der dritte die erste, der zweite die zweite und er die dritte Partie gewinnt; denn wenn der zweite oder der dritte Spieler die beiden ersten gewönnen, gewönne dieser und nicht der erste Spieler das Spiel. Nun weisen aber drei Würfel 27 Möglichkeiten auf; also besitzt der erste Spieler $\frac{2}{27}$ der Gewinnmöglichkeiten, wenn man drei Partien spielt.

Die Summe der Gewinnmöglichkeiten für den ersten Spieler ist folglich $\frac{1}{3}$, $\frac{2}{9}$, $\frac{2}{27}$, das macht zusammen $\frac{17}{27}$.

Die Methode ist also richtig und allgemeingültig in allen Fällen, so dass, ohne Zuhilfenahme einer zusätzlichen Annahme, die für jede Anzahl von Partien vorliegenden Kombinationen die Lösung enthalten und das einsichtig machen, was ich am Anfang gesagt habe, dass nämlich die Ausdehnung auf eine bestimmte Anzahl von Partien nichts anderes bedeutet, als die verschiedenen Brüche auf den gleichen Nenner zu bringen. Das war in Worten das ganze Geheimnis, das uns zweifellos wieder ins gute Einvernehmen setzen wird, weil wir beide nur die logische Wahrheit suchen.

Dokument 9
Aus dem Brief von Fermat an Pascal. Datum unbekannt.

Mein Herr,
wenn ich versuche, eine bestimmte Augenzahl mit einem einzigen Würfel in acht Würfen zu erreichen, und wenn wir, nachdem das Geld eingesetzt ist, übereinkommen, dass ich den ersten Wurf nicht ausführen werde, dann steht mir nach meinem Prinzip $\frac{1}{6}$ des Gesamteinsatzes als Entschädigung zu aufgrund des besagten ersten Wurfes.

Wenn wir nun danach noch übereinkommen, dass ich den zweiten Wurf nicht ausführen werde, muss ich zu meiner Entschädigung ein Sechstel des Restes nehmen, das sind $\frac{5}{36}$ des Gesamteinsatzes.

Und wenn wir danach übereinkommen, dass ich den dritten Wurf nicht ausführen werde, muss ich zu meiner Entschädigung ein Sechstel des Restes nehmen, das sind $\frac{25}{216}$ des Gesamteinsatzes.

Und wenn wir danach noch übereinkommen, dass ich den vierten Wurf nicht ausführen werde, muss ich ein Sechstel des Restes, das sind $\frac{125}{1296}$ des Gesamteinsatzes nehmen, und ich bin mit Ihnen einig, dass das der Wert des vierten Wurfes ist, vorausgesetzt, dass man die vorhergehenden Würfe bereits abgegolten hat.

Aber Sie schlagen mir im letzten Beispiel Ihres Briefes vor - ich bediene mich Ihrer eigenen Worte - dass, wenn ich versuche, die Sechs in acht Würfen zu erhalten und dass, wenn mir mein Mitspieler nach drei erfolglosen Würfen meinerseits vorschlägt, meinen vierten Wurf nicht auszuführen und mich entschädigen will, weil ich sie erzielen könnte, er mir $\frac{125}{1296}$ des Gesamteinsatzes zugestehen möge. Das ist jedoch nach meinem Prinzip nicht richtig. Denn in diesem Fall kann, da die ersten drei Würfe dem, der den Würfel hat, nichts gebracht haben und die Gesamtsumme im Spiel bleibt, derjenige, der den Würfel hat und auf seinen vierten Wurf verzichtet, als Entschädigung $\frac{1}{6}$ des Ganzen nehmen.

Wenn er nun vier Würfe ausgeführt hätte, ohne die angestrebte Augenzahl zu erzielen, und man übereinkäme, dass er den fünften nicht ausführte, hätte er genauso Anspruch auf $\frac{1}{6}$ des Gesamteinsatzes als Entschädigung. Denn, da die ganze Summe im Spiel bleibt, folgt nicht nur aus dem Prinzip, sondern entspricht auch dem gesunden Menschenverstand, dass jeder Wurf gleichen Vorteil bringen muss.

Ich bitte Sie daher, mich wissen zu lassen, ob wir im Prinzip übereinstimmen, wie ich annehme, oder ob wir uns nur in der Anwendung unterscheiden.
Ich bin, von ganzem Herzen ...

Dokument 10
Aus : Christiaan Huygens, De ratiociniis in ludo aleae
in : Frans van Schooten, Exercitationum mathematicarum libri quinque, Leiden 1657

Proposition I
Wenn ich zur Erlangung des Betrages a dieselbe Chance habe wie für den Betrag b, so hat dieses Spiel für mich den Wert $\frac{a+b}{2}$.

Beweis :
Den zu bestimmenden, noch unbekannten Wert des Spiels nenne ich x. Um ihn zu ermitteln, biete ich einem Mitspieler folgendes Spiel an. Jeder von uns setzt x ein. Es werde vereinbart, dass der Gewinner den Gesamteinsatz bekommt, aber den Betrag a an den Verlierer bezahlt. Wenn der Gewinner mit gleichen Chancen ermittelt wird, so ist keiner im Vorteil. Gewinne ich also, so erhalte ich 2x - a. Wenn dieser Betrag gleich b gesetzt wird, habe ich dieselben Chancen für a und b, genau wie bei dem Spiel in der Proposition I. Also setze ich 2x - a = b und erhalte $x = \frac{a+b}{2}$ als den gesuchten Wert.

Proposition II
Wenn ich für die Beträge a, b, c dieselben Chancen habe, so hat dieses Spiel für mich den Wert $\frac{a+b+c}{3}$.

Beweis :
Sei wieder x mein unbekannter Wert des Spiels. Ich biete jetzt zwei anderen Mitspielern folgendes Spiel an. Jeder von uns setzt x ein. Es werde mit einem der beiden vereinbart, dass er im Gewinnfall b an mich zahlt, genauso wie ich ihm b zahle, falls ich gewinne. Mit dem anderen sei abgemacht, dass er mir c zahlt, sofern er gewinnt und ich ihm umgekehrt c zahle, falls ich gewinne. Diese Spielbedingungen sind offensichtlich fair. Daher werde ich mit gleicher Chance b oder c bekommen, je nachdem, ob der eine oder der andere gewinnt. Falls ich gewinne, erhalte ich 3x und gebe dann b an den einen und c an den anderen ab, es bleibt mir also 3x - b - c. Falls dieser Betrag gleich a gesetzt wird, so habe ich das Spiel in der Proposition II vor mir und erhalte mit gleichen Chancen a, b oder c. So setze ich 3x - b - c = a und erhalte $x = \frac{a+b+c}{3}$ als Spieleinsatz. Das ist der Wert des Spiels für mich.

Dokument 11
Aus : Christiaan Huygens, De ratiociniis in ludo aleae
in : Frans van Schooten, Exercitationum mathematicarum libri quinque, Leiden 1657

Proposition III
Wenn ich die Anzahl der Fälle, in welchen mir a zufällt, gleich p und die Anzahl der Fälle, in welchen mir b zufällt, gleich q ist, wird meine Erwartung unter der Annahme, daß alle Fälle gleich leicht eintreten können, $\frac{p \cdot a + q \cdot b}{p + q}$ wert sein.

Beweis :
Um diese Regel zu ermitteln, setzt man wiederum x als meinen Erwartungswert. Demnach soll ich, wenn ich x besitze, zu derselben Erwartung gelangen können wie vorher bei einem gerechten Spiel. Dazu nehme ich nun so viele Mitspieler, dass sie mit mir zusammen eine Anzahl von eben p + q ergeben; von diesen setzt jeder x ein, so dass der Gesamteinsatz p·x + q·x ist und jeder für sich mit gleicher Gewinnerwartung spielt. Ferner treffe ich mit jedem einzelnen einer Anzahl von genau q dieser Mitspieler folgende Vereinbarung, nämlich dass der jeweilige Gewinner unter ihnen mir b geben wird und umgekehrt ich ihm dasselbe b, wenn ich gewinne. In ähnlicher Weise lasse ich mich mit jedem einzelnen der übrigen p − 1 Mitspieler auf die folgende Bedingung ein, dass mir jeder von ihnen im Falle meines Sieges a geben wird und ich ihm dasselbe, nämlich a, im Falle meines Sieges. Es leuchtet auch ein, dass dieses Spiel unter dieser Bedingung gerecht ist, da offenbar niemand einen Nachteil erleidet. Schließlich ist klar, dass ich nun q <Fälle> der Erwartung auf b, p − 1 Erwartungen auf a und 1 Erwartung auf p·x + q·x − b·q − a·p + a habe, nämlich dann, wenn ich gewinne; dann erhalte ich den Gesamteinsatz p·x + q·x, wovon ich jedem der q Spieler b und jedem der p − 1 Spieler a geben muss, was zusammen q·b + p·a − a ergibt.

Wenn deshalb p·x + q·x − b·q − a·p + a gleich a wäre, hätte ich p Erwartungen auf a, da ich ja schon p − 1 Erwartungen darauf hatte, und a Erwartungen auf b, und so wäre ich wieder zu meiner ursprünglichen Erwartung gelangt. Weswegen nun

$$p \cdot x + q \cdot x - b \cdot q - a \cdot p + a = a$$

ist und erhalte $\quad x = \dfrac{a \cdot p + q \cdot b}{p + q}$

als meinen Erwartungswert, genauso wie es eingangs behauptet worden ist.

Dokument 12
Aus : Christiaan Huygens, De ratiociniis in ludo aleae
in : Frans van Schooten, Exercitationum mathematicarum libri quinque, Leiden 1657

Problem 1
A und B spielen zusammen mit zwei Würfeln unter der Bedingung, dass A gewinnt, wenn er eine Augensumme von 6 wirft, und B, wenn er eine Augensumme von 7 wirft. A führt zuerst einen Wurf aus, dann B zwei Würfe hintereinander, dann wiederum A zwei Würfe usw, bis einer von den beiden als Gewinner feststeht.

Gesucht ist das Verhältnis der Erwartung von A zu der Erwartung von B.

Antwort : 10 335 zu 12 276

Problem 2
Drei Spieler A, B und C nehmen sich 12 Steine, von denen 4 weiß und 8 schwarz sind, und spielen unter folgender Bedingung, dass, wer zuerst mit verbundenen Augen einen weißen Stein zieht, gewinnt. Da nun die erste Ziehung A, die zweite B und die dritte C zusteht, und dann wiederum A usw. wechselweise, wird das Verhältnis der Erwartungen von jenen <drei Spielern> gesucht.

Problem 3
A wettet mit B darauf, dass er aus 40 Spielkarten, d.h. 10 von jeder Farbe, vier Karten herausziehen wird, so dass er von jeder Farbe eine erhält. Man findet das Verhältnis der Erwartung des A zu der des B als 1 000 zu 8 139.

Problem 4
Seien wie vorher 12 Steine, 4 weiße und 8 schwarze, im Spiel; A wettet mit B darauf, dass er mit verbundenen Augen 7 Steine davon wegnehmen wird, unter denen 3 weiße sein werden. Gesucht ist das Verhältnis der Erwartung des A zur Erwartung des B.

Problem 5
A und B nehmen sich jeder 12 Münzen und spielen mit drei Würfeln unter der Bedingung, dass A, wenn 11 Augen geworfen werden, dem B eine Münze gibt, und B, wenn 14 Augen geworfen werden, dem A eine Münze gibt, und dass das Spiel gewinnt, wer zuerst alle Münzen hat. Man findet das Verhältnis der Erwartung des A zur Erwartung des B als 244 140 625 zu 282 429 536 481.

Dokument 13
Manuskript von Christiaan Huygens aus dem Jahr 1665
Aus : Oeuvres complètes de Christiaan Huygens Band XIV, Den Haag 1920, S. 97 - 99

A wettet gegen B, dass er aus 12 Steinen, von denen 4 weiß und 8 schwarz sind, 7 Steine, von denen 3 weiß sein sollen, ziehen soll. Frage, welches Verhältnis die Erwartung von A gegenüber der von B hat, es ergibt sich 35 zu 64. ... (Hier erfolgt die erste Lösung) ...

Die besagte Erwartung des A ist zwangsläufig ebensoviel wert <wie die Erwartung des A>, wenn er aus den vorher erwähnten 12 Steinen 5, von denen einer weiß <ist>, ziehen müsste.

4 Steine 1 weiß 3 schwarz $\dfrac{3 \cdot 0 + 5 \cdot a}{8}$ [∞] $\dfrac{5}{8} \cdot a$

4 Steine 0 weiß 4 schwarz $\dfrac{4 \cdot a + 4 \cdot 0}{8}$ [∞] $\dfrac{1}{2} \cdot a$

3 Steine 1 weiß 2 schwarz $\dfrac{3 \cdot 0 + 6 \cdot \frac{5}{8} \cdot a}{9}$ [∞] $\dfrac{5}{12} \cdot a$

3 Steine 0 weiß 3 schwarz $\dfrac{4 \cdot \frac{5}{8} \cdot a + 5 \cdot \frac{1}{2}}{9}$ [∞] $\dfrac{5}{9} \cdot a$

2 Steine 1 weiß 1 schwarz $\dfrac{3 \cdot 0 + 7 \cdot \frac{5}{12} \cdot a}{10}$ [∞] $\dfrac{7}{24} \cdot a$

2 Steine 0 weiß 2 schwarz $\dfrac{4 \cdot \frac{5}{12} \cdot a + 6 \cdot \frac{5}{9} \cdot a}{10}$ [∞] $\dfrac{1}{2} \cdot a$

1 Stein 1 weiß 0 schwarz $\dfrac{3 \cdot 0 + 8 \cdot \frac{7}{24} \cdot a}{11}$ [∞] $\dfrac{7}{33} \cdot a$

1 Stein 0 weiß 1 schwarz $\dfrac{4 \cdot \frac{7}{24} \cdot a + 7 \cdot \frac{1}{2} \cdot a}{11}$ [∞] $\dfrac{14}{33} \cdot a$

0 Steine 0 weiß 0 schwarz $\dfrac{4 \cdot \frac{7}{33} \cdot a + 8 \cdot \frac{14}{33} \cdot a}{12}$ [∞] $\dfrac{35}{99} \cdot a$ Gut.

Zitate

Will man Fortschritte in der Mathematik erzielen, soll man die Meister studieren – nicht die Schüler. (Niels Henrik Abel)

Die Menschen, die den richtigen Weg gehen wollen, müssen auch von Irrwegen wissen. (Aristoteles)

Man sieht jeden Tag, dass die gelehrtesten Leute auf Grund von bloßen Analogien Schlüsse ziehen; da wo sie sich einbilden, in die Dinge klare Einsicht zu haben, betrachten sie das als höchst evident, was es gar nicht ist. Und daher kommt es, dass nur diejenigen, deren Verstand durch mathematische Studien geschärft ist, fähig sind, den Irrtum zu entdecken.
(Jakob Bernoulli)

Das Denken gehört zu den größten Vergnügungen der menschlichen Rasse. (Berthold Brecht)

Von allem, was dem menschlichen Verstand zugänglich ist, ist nichts angenehmer und würdiger als die Erkenntnis der Wahrheit. (Gerolamo Cardano)

Wenn auseinander gehen die Würfelspieler, bleibt der, der verliert, schmerzvoll alleine zurück, und wiederholt die Würfe, lernt verdrießlich. Doch mit dem anderen ziehet alles Volk.
(Dante : Divina Comedia)

Je planmäßiger ein Mensch vorgeht, desto wirksamer vermag ihn der Zufall zu treffen. (Friedrich Dürrenmatt)

Wer dem Paradoxen gegenübersteht, setzt sich der Wirklichkeit aus. (Friedrich Dürrenmatt)

Wenn die Neugier sich auf ernsthafte Dinge richtet, dann nennt man sie Wissensdrang. (Marie von Ebner-Eschenbach)

Das Schönste, was wir erleben können, ist das Geheimnisvolle. Es ist das Grundgefühl, das an der Wiege von wahrer Kunst und Wissenschaft steht. Wer es nicht kennt und sich nicht mehr wundert, der ist sozusagen tot und seine Augen erloschen. (Albert Einstein)

Die Art des Wissens, die nur von Beobachtungen gestützt wird und noch nicht bewiesen ist, muss sorgfältig von der Wahrheit unterschieden werden; sie wird, wie wir gewöhnlich sagen, durch Induktion gewonnen. Doch haben wir Fälle gesehen, in denen bloße Induktion zu Irrtum geführt hat. Darum sollten wir große Sorgfalt darauf verwenden, nicht solche Zahleneigenschaften, die wir durch Beobachtung entdeckt haben, und die allein durch Induktion gestützt werden, als wahr zu akzeptieren. (Leonhard Euler)

Paradoxerweise und ein wenig provokativ, aber dennoch wirklich, lautet meine These einfach: WAHRSCHEINLICHKEIT EXISTIERT NICHT. (Bruno de Finetti, 1974)

Einen Statistiker nach einem Experiment zu Rate zu ziehen ist so, wie wenn man ihn um eine Autopsie bittet : Er könnte vielleicht noch sagen, woran das Experiment gestorben ist. (Sir Ronald Aylmer Fisher)

In dieser Welt ist nichts gewiss, außer dem Tod und den Steuern. (Benjamin Franklin)

Was ein Punkt, ein rechter Winkel, ein Kreis ist, weiß ich schon vor der ersten Geometriestunde, ich kann es nur noch nicht präzisieren. Ebenso weiß ich schon, was Wahrscheinlichkeit ist, ehe ich es definiert habe. (Hans Freudenthal)

Seit dem Anfang der Wahrscheinlichkeitsrechnung hat es immer strittige Probleme gegeben, das heißt Aufgaben, die verschieden gelöst wurden, bis eine sorgfältige Analyse zeigte, welche der streitenden Parteien recht hatte. Es waren übrigens durch nicht zweitklassige Mathematiker, die da desavouiert wurden; zu dieser Erscheinung gibt es in der reinen Mathematik keine Analogie. (Hans Freudenthal)

Merkwürdig ist immer, dass alle diejenigen, die diese Wissenschaft ernstlich studieren, eine Art Leidenschaft dafür fassen. Wahrlich, es ist nicht das Wissen, sondern das Lernen, nicht das Besitzen, sondern das Erwerben, nicht das Da-Sein, sondern das Hinkommen, was den größten Genuss gewährt. (Carl-Friedrich Gauß)

Ich zweifle auf keinen Fall, dass derjenige, der tiefer das von uns Dargebotene zu untersuchen beginnt, sofort entdecken wird, dass es hier nicht, wie es scheint, um Spiel und Kurzweil geht, sondern dass die Grundlagen für eine schöne und überaus tiefe Theorie entwickelt werden. (Christiaan Huygens)

Kein Wissen über Wahrscheinlichkeiten, die weniger als Sicherheit aussagen, hilft uns dabei, zu wissen, was wahr ist. Es gibt des weiteren keine direkte Beziehung zwischen der Wahrheit einer Behauptung und ihrer Wahrscheinlichkeit. Wahrscheinlichkeit beginnt und endet mit Wahrscheinlichkeit. (John Maynard Keynes)

Man sieht, dass die Wahrscheinlichkeitstheorie im Grunde nur der der Berechnung unterworfene gesunde Menschenverstand ist; sie lehrt das mit Genauigkeit abschätzen, was ein gerader Verstand mit einer Art Instinkt fühlt, ohne dass er sich oft davon Rechenschaft geben kann. Sie lässt nichts Willkürliches in der Wahl der Meinungen und der zu ergreifenden Entschlüsse, so oft man nur mit ihrer Hilfe die vorteilhafteste Wahl bestimmen kann. Dadurch wird sie die glücklichste Ergänzung der Unwissenheit und Unzulänglichkeit des menschlichen Geistes. ... So wird man einsehen, dass es keine Wissenschaft gibt, die unseres Nachdenkens würdiger wäre und die mit größerem Nutzen in das System des öffentlichen Unterrichts aufgenommen werden könnte. (Pierre Simon Laplace, 1814)

Gepriesen sei der Zufall, er ist wenigstens nicht ungerecht. (Ludwig Marcuse)

Die wahre Logik für diese Welt ist die Wahrscheinlichkeitsrechnung, die die Größe der Wahrscheinlichkeit berücksichtigt, mit der ein vernünftiger Menschen denkt oder denken sollte. (James Clerk Maxwell)

Manche Probleme, die der Zufall aufwirft, erscheinen uns zunächst sehr einfach; man glaubt, sie wären mit etwas gesundem Menschenverstand recht bald zu lösen. Aber das erweist sich leider allzu oft als falsch, und die Fehler, die wir so begehen, sind nicht selten. (Abraham de Moivre)

Auch der Zufall ist nicht unergründlich, er hat seine Regelmäßigkeit. (Novalis)

Die Erregung, die ein Spieler fühlt, wenn er eine Wette aufgibt, ist gleich dem Betrag, den er gewinnen kann, multipliziert mit der Wahrscheinlichkeit, dass er ihn gewinnt. (Blaise Pascal)

Wahrscheinlichkeitsrechnung : Erste Lektion. 1. Man kann kaum eine zufriedenstellende Definition der Wahrscheinlichkeit geben. ... (Henri Poincaré: Calcul des Probabilités, 1896)

Wahrscheinlichkeit ist das bedeutendste Konzept moderner Wissenschaft, zumal niemand die leiseste Ahnung hat, was es bedeutet. (Bertrand Russel : In a lecture, 1929)

Sicherheit geht vor Seltenheit. (Karl Valentin)

Math is like Ophelia in Hamlet - charming and a little bit mad. (Alfred North Whitehead)

Literaturverzeichnis

Althoff, H. / Koller, D. (1992) : Mündliches Abitur Mathematik. Stuttgart, Klett 1992

Barth, F. / Haller, R. (1984) : Stochastik Leistungskurs. München : bsv 1984

Bentz, H.-J. (1983) : Zum Wahrscheinlichkeitsbegriff von Huygens. In : DdM 1983/1, S. 76 - 83

Einheitliche Prüfungsanforderungen in der Abiturprüfung (EPA) Mathematik im Lande Niedersachsen (1998) : Schroedel : Hannover 1998

Glickman, L. (1990) : Cardano - mehr als bloß ein Glücksspieler. In : StoiS 1990/1, S. 47 - 52

Glickmann, L. (1996) : Isaac Newton - Der moderne statistische Berater. In : StoiS 1996/2, S. 3 - 6

Gottwald, S. (1990) : Lexikon bedeutender Mathematiker. Leipzig : BI 1990

Hacking, Ian (1975) : The Emergence of Probability. Cambridge University Press 1975

Haller, R. (1988) : Zur Geschichte der Stochastik. In : DdM 1988/4, S. 262 - 277

Haller, R. (1995) : Permutation, Kombination, Variation. In : DdM 1995/4, S. 310 - 319

Haller, R. (1997) : Zog Pepys falsche Schlüsse ? In : StoiS 1997/3, S. 49 - 54

Hecht, H. (1992) : Gottfried Wilhelm Leibniz. Stuttgart : Teubner 1992

Henze, N. (1998) : Die Auflösung eines Wartezeit-Paradoxons - oder - Newton hatte nur teilweise recht ! In : StoiS 1998/1, S. 2 - 4

Hildebrand, A. (2001) : Erfahrungen mit einer Grundkursaufgabe. In : StoiS 1/2001, S. 4 - 7

Ineichen, R. (1986) : „Die Wahrscheinlichkeit ist nämlich ein Grad der Gewißheit ...". Rückblick auf die Vorgeschichte der Wahrscheinlichkeitsrechnung. In : Bulletin Société Fribourgeoise des Sciences Naturelles 75 (1/2) 1986, S. 59 - 93, Fribourg

Ineichen, R. (1990) : Modellbildung von Zufallsphänomenen im Laufe der Geschichte. In : MU 1990/6, S. 41 - 49

Ineichen, R. (1995) : Zur Geschichte einiger grundlegender Begriffe der Stochastik. In : DdM 1995/1, S. 1 - 17

Ineichen, R. (1996) : Würfel und Wahrscheinlichkeit. Heidelberg : Spektrum 1996

Ineichen, R. (1997) : Astragale, Würfel und Wahrscheinlichkeit in der Antike. In : Antike Naturwissenschaft und ihre Rezeption, S. 7 - 24. Trier : Wissenschaftlicher Verlag Trier 1997

Kendall, M. G. (1956) : Studies in the history of probability and statistics II. - The beginning of a probability calculus. Biometrika 1956, S. 1 - 14

Meschkowski, H. (1968) : Wahrscheinlichkeitsrechnung. Mannheim : BI 1968

von Pape, B. (1993) : Das schriftliche Abitur im Fach Mathematik in Niedersachsen. In : MU 1993/1, S. 67 - 76

von Pape, B. / Wirths, H. (1993) : Stochastik in der gymnasialen Oberstufe. NLI-Bericht Band 51. Hildesheim : NLI 1993.

Rényi, A. (1969) : Briefe über Wahrscheinlichkeit. Basel : Birkhäuser 1969

Schneider, I. (1988) : Die Entwicklung der Wahrscheinlichkeitstheorie von den Anfängen bis 1933 - Einführungen und Texte, Darmstadt : WBG 1988

Scholz, E. (1990) : Geschichte der Algebra. Mannheim : BI 1990

Schmidt, G. (1998) : Experimenteller und anschaulicher Stochastikunterricht um das „Problem der abgebrochenen Partien". In : StoiS 1998/1, S. 17 - 42

Steinbring, H. (1980) : Zur Entwicklung des Wahrscheinlichkeitsbegriffs. Das Anwendungsproblem in der Wahrscheinlichkeitstheorie aus didaktischer Sicht. Bielefeld : IDM 1980

Struve, H. (1996) : Zufall und Gerechtigkeit. In : Berichte aus dem Seminar für Didaktik der Mathematik SS 95/96 und SS 96, S. 88 - 101. Bielefeld : Universität Bielefeld, Fakultät für Mathematik, 1996

Székely, G. (1990) : Paradoxa. Frankfurt/Main : Harri Deutsch 1990

Ulshöfer, K. (1997) : Es gibt nicht immer nur eine Lösung. In : MiS 1997/1, S. 24 - 29

Wirths, H. (1992) : Erfahrungen über das Erstellen von Prüfungsaufgaben für das schriftliche Abitur im Fach Mathematik. In : MiS 1992/9, S. 472 - 483

Wirths, H. (1993a) : Erfahrungen mit dem mündlichen Abitur im Fach Mathematik. In : MiS 1993/4, S. 222 - 235

Wirths, H. (1993) : An der Wurfbude. In : MiS 1993/10, S. 539 - 551

Wirths, H. (1997) : Das abgebrochene Tennis-Endspiel - Erste Erfahrungen in Stochastik. In : MiS 1997/3, S. 143 - 158

Wirths, H. (1997a) : Das abgebrochene Tennis-Endspiel - Erste Erfahrungen mit Baumdiagrammen. In : MiS 1997/7/8, S. 395 – 406

Wirths, H. (1998) : Binomialwahrscheinlichkeiten mit dem Computer. StoiS 1998/1, S. 43-54

Wirths, H. (2000) : Probleme mit einem Näherungsverfahren im Modell der Normalverteilung. In : StoiS 2000/1, S. 39 - 42

Wirths, H. (2001) : Anmerkungen zu „Erfahrungen mit einer Grundkurs-Abituraufgabe" von Dr. A. Hildebrand in Stochastik in der Schule 21(2001)/1. In : StoiS 2001/3, S. 30 - 31

Wirths, H. (2005a) : Stochastikunterricht II : Aufgaben und Geschichte. Oldenburger Vor-Drucke 527. DIZ Universität Oldenburg : Oldenburg 2005.

Wirths, H. (2019) : Lebendiger Mathematikunterricht. BoD : Norderstedt 2019

Wirths, H. (2019a) : Der Taschencomputer im Mathematikunterricht. BoD : Norderstedt 2019

Wirths, H. (2019b) : Stochastikunterricht – Unterrichtsbeispiele. BoD : Norderstedt 2019

Wussing, H./ Arnold, W. (1989) : Biographien bedeutender Mathematiker. Köln : Aulis 1989

Die Abkürzungen bedeuten :

BI	: Bibliographisches Institut	DdM	: Didaktik der Mathematik
MiS	: Mathematik in der Schule	MU	: Der Mathematikunterricht
MNU	: Mathematisch-naturwissenschaftlicher Unterricht		
NLI	: Niedersächsisches Landesinstitut für Schulentwicklung und Bildung		
PM	: Praxis der Mathematik	StoiS	: Stochastik in der Schule
WBG	: Wissenschaftliche Buchgesellschaft		

Namensverzeichnis

Aristoteles 68, 71/2, 77
Arnauld, Antoine 69
Bayes, Thomas 70
Bernoulli, Jakob 70/2, 76
Billettes, Gilles Filleau des 60/1, 67
Briggs, Henri 66
Buteo, Jean 65, 69/70
Cantor, Georg 62, 64
Carcavi, Pierre de 62, 85
Cardano, Geronimo 61, 66/71, 75, 77/8, 94
Descartes, René 67, 72, 78
Fermat, Pierre de 61/72, 75/9, 85/9
Fournival, Richard de 65
Galilei, Galileo 70
Gombaud, Antoine siehe Chevalier de Méré
Graunt, John 61, 69
Herzog von Roannez, Artus Gouffier 60, 65
Huygens, Christaan 60/2, 67/9, 71/8, 90/4
Kronecker, Leopold 62
Lacroix, Sylvestre François 72
Laplace, Pierre Simon de 70, 73
Leibniz, Gottfried Wilhelm 60/71, 78/9, 94
Méré, Chevalier de 60/4, 73, 77/8, 85
Moivre, Abraham de 69/70, 72, 77
Montmort, Rémond de 69
Napier, John 66
Pacioli, Fra Luca 66/8, 75, 81
Pascal, Blaise 60/4, 66/73, 75/9, 85/9
Pepys, Samuel 77/8, 94
Petty, Sir William 61
Peverone, Giobattista Francesco 67, 69, 78
Poisson, Dennis Simeon 60, 73
Pseudo-Ovid siehe Fournival
Roberval, Gilles Personne de 64, 85, 88
Schooten, Frans van 61/2, 76, 90/2
Tartaglia, Niccolò 66/7, 69, 75, 84
Torricelli, Evangelista 72
Viète, François 67, 72, 78
Witt, Johann de 60/1, 69, 71

Stichwortverzeichnis

Alpha-Fehler/Beta-Fehler 28, 35/6
Alternativtest 34/6, 58
Arithmetischer Mittelwert 12, 43/4, 58
Aufgaben : Alarmanlage 20
  Autoreparatur 44
  Benzinverbrauch 10/1
  Binomialverteilung 37/8
  Eisschnellauf 30/1
  Elektro Nix 28
  Euro-Scheine 11/2
  Familienplanung 37
  Fische 41
  Flugmotoren 26/7, 36
  Friseursalon 29
  Gemeinderatswahl 54 ff
  Glücksrad 25/6, 38
  Heikes Freizeit 17/8
  Kirmes 24/5
  Knallgelb im Hadepark 52
  Kombinatorik 25
  Lehrer Holzauge 27
  Lehrer Lämpel 14/5, 39
  Leiter aufstellen 43/4
  Lostrommel 16
Aufgaben : Magnetbänder 49 ff
  Medikament 41
  Multiple-Choice-Test 22/4
  PKW aus Asien 9/10
  Planetenbahnen 47/8
  Problem des Spielabbruchs 64 ff
  Problem der Würfel 62/4, 66 ff
  Schlüssel 14, 17
  Sehbeteiligung 48/9
  Seltene Krankheit 32/3
  Simulation 24
  SV-Befragung 20/1
  Urne 18
  Vergleich Datensätze 47
  VfB Oldenburg 13/4, 16/7
  Vierfeldertafel 19
  Waschmaschine 39/40
  Waschmittel 31/2
  Weintest 26
  Weitsprung 12/3
  Würfeln bis zur ersten 6 45/6
  Würfeltest 29, 34/6
  Zeugnisnoten 23
  Zufallsregen 40

Baumdiagramm 16/27, 33/7, 55
Bernoulli-Kette 21/2, 39
Boxplot 9/12

Coss 66, 75, 78

Daten 9 ff; Datensatz 47
Dichtefunktion 29, 43/4

Erzählung von Nala 79

Fixvektor 32

Gegenereignis 24, 52, 63, 65

Hypothese 26/8, 34/36, 46, 53/6

Interquartilsabstand 10/1
Intervallschätzung 42, 46, 49

Jansenist 60, 71, 79

Konfidenzintervall 42, 48, 57/8
Korrelationskoeffizient 30, 47

Maximum/Minimum 10 ff, 30, 38, 45/7
Median 10/2, 43/4, 47
Modell 13 ff, 21 ff, 30 ff, 44

Partielle Integration 44

Prognose 13 ff, 30/1, 47
Prognosewert 31, 47/8
Proportionalitätsregel 64, 77
Punktschätzung 42, 45, 48

Regressionsrechnung 23, 30, 47

Quartil 10/2, 43, 47

Satz von Bayes 58
Sicherheitswahrscheinlichkeit 41/2, 48/53, 57
Sigma-Umgebung 49, 51, 56/8
Simulation 13/5, 24
Spannweite 13
Stängel-Blatt-Diagramm 9/11

Testen von Hypothesen 34, 36, 53
Testen nach Bayes 35, 58

Übergangsgraph 18
Übergangsmatrix 31/2
Ungleichung von Tschebyschow 29

Verteilungsfunktion 29/30, 42/5
Vierfeldertafel 19/20, 33

Whisker 12

Zufallsgröße 23/6, 45, 51
Zufallsversuch 14 mehrstufiger 65

Der Autor lebt heute im Ruhestand,
studierte Mathematik, Physik und mathematische Logik an der WWU Münster,
war Fachlehrer für Mathematik und Physik an der Cäcilienschule Oldenburg (Gymnasium),
war Fachberater für Mathematik in der Schulaufsicht,
hatte einen Lehrauftrag für Didaktik der Mathematik an der CvO Universität Oldenburg,
hielt Vorträge und veröffentlichte über Themen aus dem Mathematikunterricht.

Von Helmut Wirths sind bei BoD als Buch und als E-Book erschienen :
Taschencomputer im Mathematikunterricht, 3. Auflage 2020, ISBN 978-3-744 802 116
Stochastikunterricht - Unterrichtsbeispiele, 3. Auflage 2020, ISBN 978-3-743 188 402
Lebendiger Mathematikunterricht, 3. Auflage 2020, ISBN 978-3-739 243 139